Schriftenreihe der Verfahrenstechnik Universität - GH Paderborn

Band 6

Rudolf E. Berghoff

Kontinuierliche CO_2-Dosierung beim Schockfrosten

D 466 (Diss. Universität-GH Paderborn)

Shaker Verlag
Aachen 1999

Die Deutsche Bibliothek - CIP-Einheitsaufnahme

Berghoff, Rudolf E.:
Kontinuierliche CO_2-Dosierung beim Schockfrosten / Rudolf E. Berghoff.
- Als Ms. gedr. -
Aachen : Shaker, 1999
   (Schriftenreihe der Verfahrenstechnik Universität - GH Paderborn ; Bd. 6)
   Zugl.: Paderborn, Univ., Diss., 1998
ISBN 3-8265-6236-4

Copyright Shaker Verlag 1999
Alle Rechte, auch das des auszugsweisen Nachdruckes, der auszugsweisen oder vollständigen Wiedergabe, der Speicherung in Datenverarbeitungs- anlagen und der Übersetzung, vorbehalten.

Als Manuskript gedruckt. Printed in Germany.

ISBN 3-8265-6236-4
ISSN 1435-1137

Shaker Verlag GmbH • Postfach 1290 • 52013 Aachen
Telefon: 02407 / 95 96 - 0 • Telefax: 02407 / 95 96 - 9
Internet: www.shaker.de • eMail: info@shaker.de

Kontinuierliche CO_2 - Dosierung beim Schockfrosten

zur Erlangung des akademischen Grades eines

DOKTORS DER INGENIEURWISSENSCHAFTEN (Dr.-Ing.)

vom Fachbereich 10 - Maschinentechnik -

der Universität - Gesamthochschule - Paderborn

genehmigte

DISSERTATION

von

Dipl.-Ing. Rudolf E. Berghoff

aus Berge

Tag des Kolloquiums: 13. Oktober 1998

Referent: Prof. Dr.-Ing. M. H. Pahl
Koreferent: Prof. Dr.-Ing. R. Eggers

Vorwort

Die vorliegende Dissertation entstand während meiner Tätigkeit im Fachgebiet Mechanische Verfahrenstechnik an der Universität - GH Paderborn.

Mein besonderer Dank gilt Herrn Professor Dr.-Ing. Manfred H. Pahl für die Überlassung und Betreuung des Forschungsthemas sowie für seine wertvollen Anregungen, Hinweise und für die Erfahrungen, die ich während meiner Tätigkeit an seinem Lehrstuhl sammeln konnte.

Herrn Professor Dr.-Ing R. Eggers, Arbeitsbereich Verfahrenstechnik II der Technischen Universität Hamburg - Harburg, danke ich für die freundliche Übernahme des Korreferates.

Angeregt wurden diese Forschungstätigkeiten durch die Firma AGA Gas in Bad Driburg - Herste, die diese Arbeit nicht nur finanziell unterstütze, sondern auch durch das Bereitstellen der Froster eine praxisnahe Forschung während der industriellen Prdouktion ermöglichte. Bei der Betreuung durch ihre Mitarbeiter danke ich ganz besonders Herrn Schneidereit, der durch zahlreiche konstruktive Diskussionen dem Projekt entscheidende Impulse für einen erfolgreichen Abschluß gab.

Weiterhin bedanke ich mich für die Hilfbereitschaft und das Engagement bei allen Mitarbeitern und Hilfskräften der Fachgruppe Verfahrenstechnik, sowie allen Studenten die zum Gelingen dieser Arbeit beitrugen. Mein besonderer Dank gilt Udo Vehling, Hubert Laumeier und Olaf Klusmann, die hierzu einen wesentlichen Beitrag leisteten.

Die Forschungsarbeiten wurden vom Bundesministerium für Forschung und Technologie finanziell gefördert.

Meinem Vater, der meine Entscheidungen respektvoll akzeptierte und meiner Mutter, die mir stets unauffälligen Beistand leistete, danke ich für ihre geduldig verständnisvolle Unterstützung.

Hamburg, im März 1998

Rudolf Berghoff

meinen Eltern

Inhaltsverzeichnis

Formelzeichen	VII
Zusammenfassung	1

1 Einleitung und Zielsetzung   3

2 Frostertechnik und CO_2 als Kühlmittel   5
- 2.1 Allgemeines 5
- 2.2 Gefriervorgang im Lebensmittel 6
- 2.3 Gefrierverfahren 9
- 2.4 Eigenschaften von Kohlendioxid CO_2 12
- 2.5 CO_2-betriebener Linearfroster 16

3 Mehrphasenströmung in Zuleitung und Düse   22
- 3.1 Dampfmenge und Strömungsform in der CO_2-Leitung 23
- 3.2 Strömung inkompressibler Fluide 30
- 3.3 Strömung kompressibler Fluide 33
- 3.4 Strömung siedender Flüssigkeiten 37
- 3.5 Homogenes Strömungsmodell 39
- 3.6 Zweifluid-Modell 44

4 Strömungsversuche und Dosierventilentwicklung   48
- 4.1 Kritischer CO_2-Massenstrom 48
- 4.2 Meß- und Regelungstechnik zum CO_2-Massenstrom 50
  - 4.2.1 Durchflußmessung 50
  - 4.2.2 Druckmessung 51
  - 4.2.3 Temperaturmessung 52
  - 4.2.4 Stell- und Regelorgane 52
- 4.3 Versuchsplan 52
- 4.4 Ergebnisse der CO_2-Massenstrom-Messung 53
- 4.5 Berechnung kritischer Strömungsgrößen 56
- 4.6 Strömung und Berechnung mit Phasentrennung 61
- 4.7 Nachexpansion des CO_2-Strahls 63
  - 4.7.1 Temperaturverlauf der Strahlachse 63
  - 4.7.2 Strömungsgeschwindigkeiten und Partikelgröße am Düsen-Ende   69
  - 4.7.3 Geometrische CO_2-Freistrahlvermessung 72
  - 4.7.4 Auslegung des Strahlformers 75
- 4.8 Konstruktion des Dosierventils 83
  - 4.8.1 Funktionsweise der kontinuierlichen Dosierung 83
  - 4.8.2 Phasentrennung 85
  - 4.8.3 Trägergestell für die Dosierapparatur 86
  - 4.8.4 Funktionversuche 87

5 Vergleich der CO_2 - Einsprühverfahren im Froster   **89**

   5.1 Laborversuche 89
      5.1.1 Versuchsanlage 89
      5.1.2 Meß- und Regelungstechnik der Untersuchungen im Froster 90
      5.1.3 Kühlgut 93
      5.1.4 Modellpakete zur Temperaturmessung 93
      5.1.5 Versuchsplan und Versuchsdurchführung 96
      5.1.6 Versuchsauswertung 97
      5.1.7 Temperaturverlauf im Linearfroster 98
      5.1.8 Temperaturverlauf in Polyethylen - Modellpaketen 104
      5.1.9 Leistungsvergleich der Sprühverfahren im Laborversuch 109
   5.2 Praxisversuche 115
      5.2.1 Versuchsaufbau und Versuchsdurchführung 115
      5.2.2 Versuchsauswertung 118
      5.2.3 Beurteilung der Praxisversuche 119

6 Abschlußbetrachtung   **120**

Literaturverzeichnis   **122**

Anhang   **132**

   A.1 Mittlere Frostertemperaturverläufe   **132**

   A.2 Kern- und Oberflächentemperaturverläufe   **138**

   A.3 Mittlere Kern- Oberflächen- und Frostertemperaturverläufe   **156**

   A.4 Frostertemperatur beim Frosten von Gemüseschnitzeln   **174**

Formelzeichen

A	mm^2	Strömungsquerschnitt
A_0	mm^2	Ausgangsquerschnitt
A_1	mm^2	Abströmquerschnitt
A_{Ein}	mm^2	Einströmquerschnitt
A_{Ist}	mm^2	tatsächliche Querschnittsfläche
A_{krit}	mm^2	Querschnitt bei kritischer Strömung
A_{Str}	mm^2	Strahlquerschnitt
B	mm, cm	Breite
c_p	$kJ/kg\,K$	isobare Wärmekapazität
$\bar{c}_p$	$kJ/kg\,K$	mittl. isobare Wärmekapazität
c_0	–	Anfangskonzentration
d		Durchmesser
d_{min}	mm	minimaler Abstand zwischen Produktkern und Oberfläche
d_T	mm	Tropfengröße
d_S	mm	Strahlradius
D		Durchmesser
D_E	mm	Durchmesser der Einströmzone
D_{Ist}	mm	Tatsächlicher Durchmesser
$D_{h,g}$	mm	hydraulischer Durchmesser der Gasphase
D_N	mm	Düsennennweite
D_R	mm	Rohr-Durchmesser
D_S	mm	Schlitzdicke, Schlitzbreite
D_{Strahl}	mm	Strahldurchmesser
D_{Thermo}	mm	Thermoelement-Durchmesser
E	N/mm^2	Elastizitätzmodul
f		Flächenverhältnis
F_a	N	Beschleunigungskraft
F_p	N	Druckkraft
F_T	N	Widerstandskraft
h	$kJ/kg\,K$	spezifische Enthalpie, Abstand
h_T	$kJ/kg\,K$	spezifischer Enthalpie im Tank
Δh	$kJ/kg\,K$	spezifische Enthalpiedifferenz
Δh_{Sub}	kJ/kg	Sublimationsenthalpie
Δh_v	kJ/kg	Verdampfungsenthalpie
K	mol/l	Dissoziationskonstante
L	mm, m	Länge
L_E	mm	Länge der Einströmzone
L_R	mm, m	Länge der Rohrleitung
m	–	Mengenanteil
$(1-m)$	–	Anteil der Restlösung

$\dot{m}_{krit}$	kg/s, kg/h	flächenbezogener kritischer Massenstrom, Massenstromdichte
M_{CO_2}	kg/h, g/s	Masse des Kohlendioxids
$\dot{M}_{äq}$	kg/h	äquivalenter Kühlgut - Massenstrom
$\dot{M}$	kg/h	Massenstrom
$\dot{M}_{CO_2}$	kg/h	CO_2 - Massenstrom
$\dot{M}_{KG}$	kg/h	Kühlgut - Massenstrom
$\overline{\dot{M}}_{CO_2}$	kg/h	mittlerer CO_2 - Massenstrom
$\tilde{M}$	$kg/kmol$	Molare Masse
Ma	–	Mach - Zahl
N	–	Anzahl
p	$mbar$, bar	Druck
p_0	bar	Druck am Anfangszustand
p_1	bar	Druck an der Düsenmündung, Düsenende
p_{G-ein}	bar	Düseneingangsdruck des Gases
p_{KP}	bar	Druck am kritischen Punkt
p_{krit}	bar	kritischer Strömungsdruck
p_{krit}/p_{ein}	–	kritisches Druckverhältnis
p_{L-ein}	bar	Düseneingangsdruck der Flüssigkeit
p_T	$°C$	Tankdruck
p_U	bar	Umgebungsdruck
Δp	$mbar$, bar	Druckdifferenz
Δp_{Reib}	$mbar$, bar	Reibungsdruckverlust
$\Delta p_{Überg}$	$mbar$, bar	Druckdifferenz am Übergang
dp/dz	N/mm	Druckgradient
ΔP	%	prozentuale Leistungssteigerung
$\dot{q}$	W/m^2	flächenbezogener Wärmestrom
$\dot{Q}$	kJ/s	Wärmestrom
r	mm	Radius
R	$J/kg.K$	spezielle Gaskonstante
$Re - Zahl$		Reynold - Zahl
s'	$kJ/kg\,K$	spezifische Entropie im Siedezustand
s''	$kJ/kg\,K$	spezifische Entropie im Tauzustand
s_T	$kJ/kg\,K$	spezifische Entropie im Tank
S		Schlupf
S_S	$°C$	Standardabweichung bei Sprühleistenbetrieb
S_D	$°C$	Standardabweichung bei Dosierventilbetrieb
t	s, min, h	Zeit
Δt	s	Abtastrate, Intervall
t_F	s, min	Verweilzeit
t_{Pause}	s	Pausenzeit
$t_{Sprüh}$	s	Einsprühzeit
T	$°C$	Temperatur
T_{CO_2}	$°C$	Temperatur des Kohlendioxids

T_E	°C	eutektische Temperatur
T_F	°C	Frostertemperatur
$T_{Münd}$	°C	Temperatur an der Düsenmündung
T_{GA}	°c	Gefrieranfangstemperatur
T_{KG}	°C	Temperatur des Kühlgutes
T_{PE}	°C	Temperatur im PE 500 Prüfpaket
$\overline{T}_{KG,S}$	°C	mittlere Temperatur im Kühlgut bei Sprühleistenbetrieb
$\overline{T}_{KG,D}$	°C	mittlere Temperatur im Kühlgut bei Dosierventilbetrieb
$\overline{T}_{P,S}$	°C	mittlere Temperatur im PE 500 bei Sprühleistenbetrieb
$\overline{T}_{P,D}$	°C	mittlere Temperatur im PE 500 bei Dosierventilbetrieb
$T_{S,E}$	°C	Temperatur am Frosterende bei Sprühleistenbetrieb
$T_{D,E}$	°C	Temperatur am Frosterende bei Dosierventilbetrieb
T_{KP}	°C	Temperatur am kritischen Punkt
T_{Siede}	°C	Siedetemperatur
T_{Sub}	°C	Sublimationstemperatur
T_{Tr}	°C	Temperatur am Tripelpunkt
$\overline{T}_2$	°C	Temperatur am Frosterende
T_{Soll}	°C	Soll - Temperatur
T_R	°C	Raumtemperatur
$\overline{v}_0$	dm^3, l, m^3	mittleres spezifisches Volumen am Anfang
v'	dm^3, l, m^3	spezifische Volumen im Siedezustand
v''	dm^3, l, m^3	spezifische Volumen im Tauzustand
v_{krit}	dm^3, l, m^3	kritische Volumen
V	dm^3, l, m^3	Volumen
$\tilde{V}$	$m^3/kmol$	Molares Normvolumen
$\dot{V}$	m^3	Volumenstrom
V_{CO_2}	l, m^3	Volumen des Kohlendioxids
V_g	dm^3, l, m^3	Volumen des Gases
V_l	dm^3, l, m^3	Volumen der Flüssigkeit
V_{ges}	dm^3, l, m^3	Gesamtvolumen
V_s	dm^3, l, m^3	Feststoffvolumen
w		Strömungsgeschwindigkeit
$\overline{w}$	$cm/h, m/s$	mittlere Geschwindigkeit
w_1	m/s	Strömungsgeschwindigkeit an der Düsenmündung
w_B	m/min	Bandgeschwindigkeit
w_g	m/s	Strömungsgeschwindigkeit des Gases
w_l	m/s	Strömungsgeschwindigkeit der Flüssigkeit
w_r	m/s	Relativgeschwindigkeit
$w_{Schall,l}$	m/s	Schallgeschwindigkeit im flüssigen Medium
W_l	$3\,kg/ms^2$	kinetische Flüssigkeitsenergie
x	–	Dampfmassenanteil
$\dot{x}$	–	Strömungsdampfgehalt
x_v	–	Dampfvolumenanteil
X		Lockart - Martinelli Parameter
z	mm	Strömungsweg, Koordinate

Griechische Formelzeichen

α_a	$W/m^2\,K$	Wärmeübergangskoeffizient
α	–	Kontraktionskoeffizient
α	–	Schlitzwinkel
β	°	Strahlwinkel
β	°	Einströmwinkel
β	°	Winkel am Übergang
λ	$W/m\,K$	Wärmeleitfähigkeit
$\overline{\lambda}$	$W/m\,K$	mittl. spez. Wärmeleitfähigkeit
λ		Widerstandsbeiwert
$\overline{\kappa}$	–	mittlerer Isentropenexponent
κ	–	Isentropenexponenten
φ	–	Geschwindigkeitszahl
ρ	kg/m^3	Dichte
ρ_g	kg/m^3	Gasdichte
$\rho_{g,Tr}$	kg/m^3	Gasdichte am Tripelpunkt
ρ_l	kg/m^3	Flüssigkeitsdichte
$\rho_{l,Tr}$	kg/m^3	Flüssigkeitdichte am Tripelpunkt
$\rho_{s,Tr}$	kg/m^3	Feststoffdichte am Tripelpunkt
Θ	°	Einsprühwinkel

Abkürzungen und Indices

E	Ende, Ende des Düsenschlitzes
Ein	Eingang, Anfang
G	Gefrierpunkt
GA	Gefrieranfang
l	liquid, Flüssigkeit
L	Luft
max	maximal
min	minimal
Sub	Sublimation
U	Umgebung
CO_2	Kohlendioxid
N_2	Stickstoff
H	Helium
W	Wasserdampf
O	Sauerstoff
KP	Kritischer Punkt
SL	Sprühleisten
DV	Dosierventil
Tr	Tripelpunkt

Zusammenfassung

Um den Kühlmittelverbrauch zu reduzieren und eine konstante Temperatur bei gleichmäßiger Kühlmittelverteilung für das Frosten von Lebensmitteln in einem mit Kohlendioxid gekühlen Froster zu erreichen, wurde ein stetig regelbares Dosierventil entwickelt und gegen das herkömmliche Verfahren der 2 - Punkt - Regelung mit Gas - Nachspülphase ersetzt. Das Kohlendioxid wird üblicherweise in einem Tank bei dem Druck von $p_T = 18\,bar$ flüssig gelagert. Es strömt durch eine Rohrleitung zum Froster, in dem es in Düsen auf den Umgebungsdruck $p_U = 1\,bar$ entspannt. Neben Dampf entsteht infolge der Drucksenkung unterhalb des Tripelpunksdruckes $p_{Tr} = 5.18\,bar$ auch CO_2-Schnee. Während der in 1. Näherung angenommenen Entspannung bei konstanter Enthalpie steigt das Volumen auf das 200-fache an.

Die Auswertung der Strömung in zylindrischen Düsen erfolgt mit einem homogenen Strömungsmodell, das aufgrund von Temperaturmessungen mit einem Zweifluidmodell für Nebelströmung erweitert wird. Wie bei dem Ausströmen von Gasen tritt auch bei der Entspannung des verdampfenden Kohlendioxids ein kritischer Strömungszustand mit Erreichen der Schallgeschwindigkeit auf. Für das homogene Strömungsmodell führen die Berechnungen für die siedende Flüssigkeits/Dampf-Strömung zum kritischen CO_2-Massenstrom $\dot{m}_{krit}$ und zum kritischen Strömungsdruck p_{krit}. In der Berechnung werden die Drucksenkung vom Tankdruck p_T auf den jeweiligen Düseneingangsdruck p_{ein} bei konstanter Enthalpie, der Wärmestrom $\dot{q}$ in die isolierte Versorgungsleitung und der Übergangsdruckverlust $\Delta p_{\ddot{U}berg}$ bei Querschnittsreduzierung in der Düse berücksichtigt. An einem Beispiel erfolgt die iterative Berechnung des flächenbezogenen kritischen Massenstromes und des kritischen Strömungsdruckes. Bei den Tankdrücken $p_T = 10\,/\,14\,/\,18\,/\,22\,bar$ und den zugehörigen Gleichgewichtstemperaturen $T_T = -40/-31/-23/-17\,°C$ läßt sich das homogene Strömungsmodell durch Messungen des kritischen Massenstromes unter Variation des Düseneingangsdruckes für Düsen mit den Nennweiten $D_D = 1.2/1.8/2.4\,mm$ und einer Länge von $L = 18\,mm$ bestätigen.

Die Validierung des Strömungsmodells rechtfertigt eine theoretische Untersuchung einzelner Parameter. Es zeigt sich, daß die Dampfbildung infolge des Wärmestromes in die Zuleitung mit sinkendem Tankdruck einen abnehmenden kritischen Strömungsdruck verursacht der Übergangsdruckverlust durch Querschnittsreduzierung in der Düse verursacht hingegen mit zunehmendem Tankdruck einen abnehmenden kritischen Strömungsdruck. Aus den Berechnungen geht darüber hinaus hervor, daß reine Flüssigkeitszuströmung ohne Dampf die Gefahr einer Düsenverstopfung senkt, da ein höherer kritischer Strömungsdruck entsteht. Gleichzeitig nehmen die kritische Strömungsgeschwindigkeit und die Ausströmgeräusche deutlich ab. Bei einphasiger Flüssigkeitszuströmung ist der flächenbezogene kritische Massenstrom $\dot{m}_{krit}$ nicht mehr vom Tankdruck p_T, der Rohrleitungslänge L und -geometrie sowie dem Wärmestrom $\dot{q}$ in die Rohrleitung abhängig, sondern allein vom Düseneingangsdruck p_{ein}.

Temperaturmessungen auf der Strahlachse im hinteren Düsenkanal und im Freistrahl hinter der Düse zeigen, daß der kritische Strömungszustand nicht, wie sonst üblicherweise angenommen, am Düsenende, sondern bereits innerhalb des Düsenkanals auftritt. Aus diesem Grund wird im hinteren Düsenkanal von unterschiedlichen Strömungsgeschwindigkeiten mit Schlupf zwischen der Flüssig- und Gasphase ausgegangen und das homogene Strömungsmodell ab dem kritischen Strömungszustand in der Düse mit einem heterogenen Zweifluidmodell für Nebelströmung erweitert. Der kritische Strömungszustand befindet sich $2\,mm \leq z \leq 4\,mm$ vor dem Düsenende. Unter der Annahme eines thermodynamischen Gleichgewichtes ist der Druckgradient dp/dz aus dem gemessenen Temperaturverlauf bestimmbar und die Strömungsgeschwindigkeit des Gases w_g, der Flüssigkeitstropfen w_l sowie die Tropfengröße D_T über dem Strömungsweg z darstellbar. Dies wird als Beispiel an einer Düse mit $D_D = 1.8\,mm$ Durchmesser gezeigt.

Für die kontinuierliche Dosierung wird aufgrund der Berechnungen einphasiger Strömungen ein Phasentrenner entwickelt, mit dem eine reine Flüssigkeitszuströmung gewährleistet und die Verstopfungsgefahr durch CO_2 - Schneebildung minimiert ist. Mit Hilfe der theoretischen und experimentellen Betrachtungen des kritischen Strömungszustandes und der damit verbundenen begrenzten Drucksenkung bei Erreichen der Schallgeschwindigkeit läßt sich ein kontinuierliches Dosierventil für das siedende dreiphasige Kohlendioxid konstruieren. Bei dem Dosierventil dient eine axial bewegliche, konische Ventilnadel zur Variation des Strömungsquerschnittes, das am Ende der Versorgungsleitung und damit innerhalb des Frosters zu installieren ist.

Zur gleichmäßigen Verteilung des Kühlmittels über der Transportbandbreite erfolgt hinter dem Ventilsitz die Anordnung einer Schlitzdüse mit divergentem Strömungsquerschnitt, mit dem eine flacher Kühlmittel - Strahl entsteht. Die Dimensionierung der Schlitzdüse ergibt sich aus der Geometrie im Froster, aus Untersuchungen der Kontur des CO_2 - Freistrahles der zylindrischen Düsen, aus Messungen der in den Freistrahl eingesaugten Luft und aus Strömungsversuchen bei unterschiedlichen Schlitztiefen.

Die Installation der entwickelten kontinuierlichen Dosiereinrichtung mit einer Nennweite von $D_N = 2\,mm$ in handelsübliche Frostanlagen führt bei Laborversuchen unter gesteigerter Produktabkühlung zu einer äquivalenten Kühlmitteleinsparung zwischen $16\,\% \leq \Delta \dot{M}_{CO_2} \leq 23\,\%$ gegenüber dem herkömmlichen Sprühverfahren mit Sprühleisten. Die mit neuentwickelten Modellpaketen aus Polyethylen ermittelte Leistungssteigerung wird bei einem Referenzversuch mit *Karlsruher Prüfmasse* als Modellkörper durch schnellere Abkühlung bestätigt. Im industriellen Einsatz läßt sich beim Frosten von Gemüseschnitzeln eine Kühlmitteleinsparung von $11\,\%$ erreichen. Die Kühlmitteleinsparung ist besonders darauf zurückzuführen, daß bei kontinuierlicher Dosierung eine längere Verweilzeit des Kühlmittels im Froster entsteht als während der Einsprühphase bei 2 - Punkt - Regelung, in der das Kohlendioxid unvollständig genutzt in die Absaugung gelangt. Ein weiterer Grund für die Verbrauchsreduzierung ist das Einsparen der Spülphase mit CO_2 - Gas, wodurch auch weniger Wärme in den Froster gelangt.

Die Temperaturschwankungen im Froster reduzieren sich von $\Delta T_S = \pm 6\,°C$ bei Sprühleistenbetrieb auf $\Delta T_S = \pm 1\,°C$ im Betrieb mit Dosierventil. Die Labor- und Praxisversuche beweisen den störungsfreien Betrieb des Dosierventils mit Schlitzdüse und vorgeschaltetem Phasentrenner. Das Kühlmittel wird gleichmäßig über der Transportbandbreite verteilt.

1 Einleitung und Zielsetzung

Mit einem Gefrierprozeß läßt sich die Haltbarkeit von Lebensmitteln verlängern. Die Qualität der tiefgekühlten Produkte steigt mit zunehmender Gefriergeschwindigkeit. Schnelles Gefrieren bezeichnet man auch als Schockfrosten, das mittlerweile einen Begriff der schonenden Konservierung darstellt. Um hohe Gefriergeschwindigkeiten zu erreichen, wird Stickstoff (N_2) oder Kohlendioxid (CO_2) als Kühlmittel verwendet. Das flüssige CO_2 lagert üblicherweise bei einem Druck von $p_T = 18\,bar$ in einem thermisch isolierten Tank, strömt durch Rohrleitungen zum Froster, entspannt in Düsen auf den Umgebungsdruck $p_U = 1\,bar$, kühlt sich auf eine Temperatur von $T = -78,7°C$ ab und wird direkt auf das Gefriergut gesprüht. Bei der Drucksenkung verdampft ein Teil des flüssigen Kohlendioxids. Da der Tripelpunktsdruck mit $p_{Tr} = 5.18\,bar$ höher ist als der Umgebungsdruck $p_U = 1\,bar$, findet eine weitere Phasenumwandlung zu festem CO_2 statt. Der hohe Sprühdruck erzeugt einen CO_2-Strahl aus Dampf und kleinen CO_2-Schnee-Partikeln. Den CO_2-Schnee bezeichnet man auch als Trockeneis, da er bei Wärmezufuhr nicht schmilzt, sondern durch Sublimation direkt in den dampfförmigen Zustand übergeht [1–3]. Mit dem CO_2-Schnee tritt die Gefahr von Verstopfungen der Düsen und des angeschlossenen Rohrleitungssystems auf, die Schneepartikeln verklemmen im Strömungskanal und es entsteht ein Strömungsabriß. Durch den damit verbundenen Druckabfall kommt es zu einer vermehrten Schneebildung, die eine Verstopfung weiter forciert.

Bislang ging man davon aus, daß der Einsatz eines Regelventils zur CO_2-Dosierung wegen der Verstopfungsgefahr bei starker Drosselung nicht möglich sei, deshalb werden CO_2-Frosteranlagen mit Düsen im 2-Punkt-Regelverfahren betrieben [4]. Um eine Verstopfung der Düsen zu vermeiden, folgt nach jedem Einsprühvorgang ein Spülzyklus mit CO_2-Gas, womit sich ein Druck oberhalb von $p_{Tr} = 5.18\,bar$ in den Rohrleitungen und Düsen aufrecht erhalten läßt, bis das flüssige Kohlendioxid aus den Sprüheinrichtungen ausgetrieben ist. Das taktweise eingesprühte Kühlmittel und das Spülen der Sprüheinrichtung mit warmen CO_2-Gas führt zu erhöhtem Kühlmittelverbrauch und verursacht eine schwankende Temperatur im Froster.

Bei kontinuierlicher Produktionsweise wird das Kühlgut auf einem Transportband durch den Froster befördert. Bild 1 zeigt die Sicht auf ein Transportband mit Kühlgut. Im linken Teil des Bildes ist der Istzustand dargestellt und zeigt eine Sprühleiste mit gleichmäßig über die Breite des Förderbandes verteilten Sprühdüsen. Die als Vollkegel geformten Kühlmittel-Strahlen treffen unter einem Winkel von 45° auf das Transportband. Bedingt durch die Düsenanordnung in den Sprühleisten und dem relativ zum Transportband schrägen Sprühstrahl entstehen, die dargestellten ovalen Sprühflächen. Aus der darüber gezeigten Vergrößerung wird deutlich, daß die Durchtrittslänge des Kühlgutes durch den Sprühstrahl ortsabhängig ist. In den seitlichen Randbereichen der Sprühstrahlen gelangt das Produkt weniger in den direkten Einfluß des Kühlmittels als im mittleren Bereich, was zu einer ungleichmäßigen Produktabkühlung führt.

Um den CO_2-Verbrauch zu senken und eine zeitlich konstante Frostertemperatur zu ermöglichen, ist ein Dosierventil zu entwickeln, mit dem sich eine kontinuierlich veränderbare Kühlmittelmenge einstellen läßt und eine gleichmäßige Abkühlung bewirkt. Bei der kontinuierlichen Dosierung sollte die Kühlmittel-Verteilung über die Transportbandbreite entsprechend dem rechten Teil des Bildes 1 erfolgen.

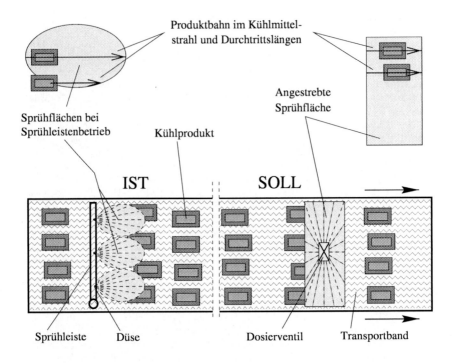

Bild 1: Sprühbereiche im Froster bei Einsatz der Sprühleisten und des Dosierventils.

Zur konstruktiven Auslegung eines störungsfrei funktionierenden Dosierventils ist ein höherer Druck als der Tripelpunktsdruck des Kohlendioxids bis zum Ausgang des Dosierventils zu gewährleisten oder eine Anlagerung von entstehendem CO_2-Schnee im Strömungskanal zu verhindern. Hierzu ist das Strömungs- und Entspannungsverhalten innerhalb sowie außerhalb von Düsen zu untersuchen, wodurch Aussagen über den Zustand des dreiphasig auftretenden Kühlmittels zunächst an einfachen Düsen ermöglicht werden sollen, um sie später auf Schlitzdüsen zu erweitern.

Die Dosiereinrichtung muß den Auflagen der Lebensmittel-Verordnung genügen. Sie muß bei Frostertemperaturen bis $T_F = -80\,°C$ trotz Produktablagerungen und Wassereisbildung funktionsfähig bleiben. Um die Herstellungskosten gering zu halten ist es erstrebenswert, den Froster möglichst mit nur einem Dosierventil auszurüsten. Versuche bei unterschiedlichen Frostertemperaturen und unterschiedlichen Verweilzeiten sollen die Einsatzfähigkeit und die erreichbare Kühlmitteleinsparung gegenüber der herkömmlichen Düseneinspritzung im Laborversuch mit einer Modell-Prüfmasse und anschließend bei realer Produktion mit Lebensmitteln beweisen.

2 Frostertechnik und CO_2 als Kühlmittel

2.1 Allgemeines

Um die Vorgänge beim Frosten und die dafür verwendeten Anlagen zu erläutern, werden zunächst die Grundlagen des Gefrierprozesses und der Frostertechnik dargestellt.

Der Wunsch nach zeitlich und örtlich uneingeschränkter Verfügbarkeit von Nahrung erfordert eine längere Haltbarkeit der Lebensmittel. Dies bedingt ein Abfangen jahreszeitlicher Überschüsse und den Transport über längere Strecken. Die Haltbarkeit ermöglicht eine zentrale und zeitlich weitgehend ungebundene Herstellung, Veredelung sowie die Speicherung in Lagern und Haushalten. Gegen Ende des 18. Jahrhunderts wurde damit begonnen, altbekannte Verfahren des Konservierens im technischen Maßstab anzuwenden. Neben dem Räuchern und Pökeln, sowie dem Einmachen mit Essig, Gewürzen, Zucker und verschiedenen Chemikalien entwickelten sich Verfahren der Trocknung sowie der Konservierung durch Hitzesterilisation und Luftabschluß. Eine verlängerte Haltbarkeit von Lebensmitteln durch Aufbewahrung bei tiefen Temperaturen beispielsweise in Kellern, kalten Quellen, Schnee oder Eis ist lange bekannt. Die beschränkte Verfügbarkeit der natürlichen Kälte führte Mitte des 19. Jahrhunderts zur industriellen Kälteerzeugung [5]. Dies gelang durch die Arbeiten von F. Carré [6] und J. Harrison [7], die als erste Absorptionskältemaschinen und Kaltdampfverdichter serienmäßig herstellten [8, 9]. Einen grundlegenden Fortschritt brachte jedoch erst die Entwicklung der Ammoniak-Kältemaschine durch Carl von Linde im Jahr 1876 [10].

Der Markt für Tiefkühlkost expandiert seit Jahren weltweit. Die gesellschaftliche Entwicklung mit einer ständig wachsenden Zahl an Single-Haushalten und das zunehmende Angebot an Freizeitbeschäftigung war und ist der Wegbereiter für die *convenience foods*. Darunter versteht man Lebensmittel, die für den Verbrauch weitestgehend zubereitet und schnell servierfähig sind [11].

Die Haltbarkeit durch Kälte wird vom Verbraucher heute voll akzeptiert. Es ist ein Frischhalteverfahren, bei dem sich Geschmack, Konsistenz und Aussehen der Produkte vom frischen Zustand kaum unterscheiden [12-14]. Die Kaltlagerung im Temperaturbereich von $0\,°C \leq T \leq 6\,°C$ stellt ein Frischhalteverfahren von geringerer Haltbarkeit gegenüber dem Tiefgefrieren mit der Lagerung bei $T \leq -18\,°C$ dar. Tiefgefrieren zählt zu den Lebensmittel-Konservierungsverfahren, da sich die bei dem Verderb auftretenden physikalischen, chemischen und mikrobiellen Aktivitäten drastisch verzögern. Teilweise erreicht man eine Abtötung von Mikroorganismen [15].

Die Qualität von Kühlprodukten steigt mit der Gefriergeschwindigkeit, da beim schnellen Gefrieren infolge der Feinstruktur des Eises geringere Veränderungen im Lebensmittel auftreten als beim langsamen Gefrieren.
Hohe Gefriergeschwindigkeiten lassen sich bei hohen Temperaturdifferenzen und hohen Wärmeübergangswerten zwischen Kühlgut und Kühlmedium erreichen. Gegenüber konventionellen Gefrieranlagen mit Kompressions-Kältemaschinen führt besonders der Einsatz von tiefkalten, verflüssigten Gasen bei direktem Kontakt mit dem Kühlgut und Verdampfen der Flüssigkeit zu hohen Gefriergeschwindigkeiten. Kühlprozesse mit verflüssigten Gasen und tiefen Temperaturen gehören zu den kryogenen (kryos = frost, griech.) Kühlverfahren. Trocknungsverluste durch Wasserverdampfung unverpackter Lebensmittel sind bei der Anwendung kryogener Kühlverfahren sehr gering. Der Stel-

lenwert einer hohen Gefriergeschwindigkeit stieg weiter, als man erkannte, daß der Platzbedarf, die Investitionskosten sowie der Wartungsdienst bei gleichzeitig höherer Prozeßflexibilität sinken. Als verflüssigte Gase nutzt man Kohlendioxid (CO_2) bei einer Sublimationstemperatur von $T_{Sub} = -78.7\,°C$ und Stickstoff (N_2) bei der Siedetemperatur von $T_{Siede} = -195.8\,°C$ [16]. Frühere Verfahren arbeiteten auch mit dem Kältemittel R 12 ($Fl_2\,Cl_2\,C$). Aus Bedenklichkeitsgründen von Rückständen im Gefriergut und der Ozon zerstörenden Wirkung von Clor-Kohlen-Wasserstoffen verzichtet man heute jedoch weitestgehend auf den Einsatz von R 12. Kohlendioxid und Stickstoff sind Bestandteile der Atemluft, im auftretenden Temperaturbereich sind sie chemisch inaktiv und lassen sich für Gefrierprozesse in der Lebensmitteltechnik nach dem heutigen Stand des Wissens bedenkenlos verwenden.

Für das Gefrieren von Lebensmitteln stehen unterschiedliche Frostertypen zur Verfügung. Die Auswahl eines Frostertyps ist abgesehen von wirtschaftlichen Faktoren wie Energie- oder Kühlmittelpreis besonders vom Kühlgut und dessen Gefrierverhalten abhängig.

2.2 Gefriervorgang im Lebensmittel

Lebensmittel dienen in erster Linie der Energieversorgung im menschlichen Körper und dem Aufbau körpereigener Substanzen. Der Verzehr erfolgt jedoch auch zum Genuß. Der Nährwert läßt sich über die bekannte Wirkung von Nährstoffen definieren. Der Genußwert hängt von Eigenschaften, die auf Sinneswahrnehmung wie Geschmack, Geruch oder Aussehen wirken, ab. Der Genußwert stellt damit eine subjektive Größe dar [17, 18].

Ein Hauptbestandteil vieler leicht verderblicher Lebensmittel ist Wasser. Es liegt nicht als reiner Stoff vor, sondern enthält u. a. gelöste Salze, Kohlenhydrate und Proteine bzw. ist zum Teil an diese Inhaltsstoffe gebunden. Es bildet den sogenannten "Saft" der Lebensmittel. Zur Gefrierkonservierung der Lebensmittel muß der "Saft" zu Eis gefrieren [13]. Unter Gefrieren versteht man das Abkühlen auf mindestens $T_{KG} = -15\,°C$. Dieser Vorgang schließt somit die Kristallisation des Wasseranteils ein. Die dem Gefrierprozeß folgende Lagerung sollte bei einer Temperatur von $T_{KG} \leq -18\,°C$ erfolgen.

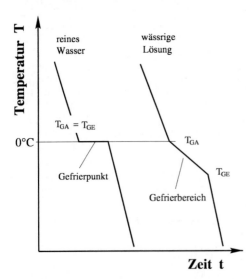

Bild 2: Temperaturverlauf beim Gefrieren

In Bild 2 ist der zeitliche Temperaturverlauf beim Abkühlen und Gefrieren reinen Wassers sowie einer wässerigen Lösung dargestellt. Beim Gefrieren des reinen Stof-

fes sind die Gefrieranfangstemperatur T_{GA} und die -endtemperatur T_{GE} gleich. Aufgrund der Inhaltsstoffe des Wassers liegt bei Lösungen kein exakter Gefrierpunkt von $T_G = 0\,°C$ vor. Der Kristallisationsvorgang beginnt je nach Art und Menge der Inhaltsstoffe zwischen $0\,°C$ und $-2\,°C$, infolge der auftretenden Gefrierkonzentration kann der Gefrierprozeß bis zu einer Temperatur von $T = -35\,°C$ anhalten.
Der Gefrierprozeß von Lebensmitteln verläuft ähnlich der dargestellten wässerigen Lösung. Er beinhaltet einen Trennprozeß, was sich anhand des schematischen Zustandsdiagramms nach Bild 3 einer Wasser/Kochsalz-Lösung erklären läßt. Erreicht die Lösung mit der Anfangskonzentration c_0 beim Abkühlen die Temperatur T_0, so beginnt reines Wasser auszugefrieren. Bei Abkühlung bis zur Temperatur T_1 gefriert Eis mit dem Gesamtmengenanteil m aus. Die Konzentration der Restlösung mit dem Anteil $(1 - m)$ verschiebt sich von ursprünglich c_0 zu c_1. Die Konzentrationsverschiebung im "Saft" verursacht Geschmacksveränderungen im Lebensmittel.

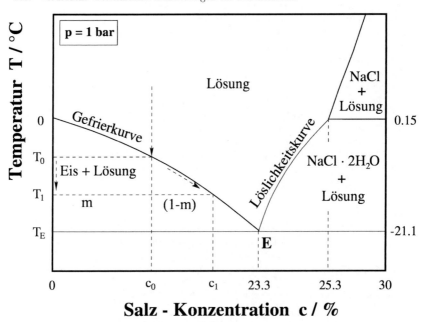

Bild 3: Zustandsschaubild einer Wasser / Kochsalz-Lösung [19].

Aus dem Hebelgesetz

$$m \cdot c_0 = (1 - m) \cdot (c_1 - c_0) \qquad (1)$$

ergibt sich die Gleichung zur Berechnung des Eisanteils m.

$$m = 1 - \frac{c_0}{c_1} \qquad (2)$$

Beim Erreichen der eutektischen Temperatur $T_E = -21{,}1\,°C$ fällt das gelöste Salz aus und das restliche Wasser gefriert. Da das Wasser in Lebensmitteln nicht nur Kochsalz, sondern auch andere Inhaltsstoffe enthält, ist der reale Gefrierverlauf wesentlich komplizierter als im dargestellten System Wasser / Kochsalz. Bei einer Temperatur von $T = -5\,°C$ kann davon ausgegangen werden, daß ein hoher Wasseranteil im Lebensmittels bereits gefroren ist.

Die Qualität gefrorener Lebensmittel steigt mit zunehmender Gefriergeschwindigkeit. Unter der Gefriergeschwindigkeit versteht man die Geschwindigkeit des Fortschreitens der Kristallisationsfront im Kühlgut.
Für das System Wasser/Kochsalz entsteht beim schnellen Erreichen der eutektischen Temperatur $T_E = -21.1\,°C$ ein homogenes Gefüge aus kleinen Wasser- und Salzkristallen. Langsames Gefrieren führt in Lebensmitteln zu großen Eiskristallen und verursacht einen interzellulären Stoffaustausch mit Konzentrationsverschiebungen. Große Eiskristalle vermögen Zellmembrane zu zerstören. Die Bildung kleiner Kristalle wirkt im Gegensatz zu großen Eiskristallen nicht schädigend auf die Zellmembranen, die Zellstruktur bleibt erhalten und Konzentrations-Verschiebungen sind unbedeutend gering. Der Saft bleibt auch nach dem anschließenden Auftauprozeß in den Zellen enthalten. Der auftretende Tropfsaftverlust ist damit von untergeordneter Bedeutung. Bei langsam gefrorenem Fleisch treten Tropfsaftverluste bis zu 8 % auf, bei schnell gefrorenem Fleisch hingegen nur 2 %. Der schnelle Gefriervorgang stellt ein schonendes Frostverfahren dar, wodurch sich der Begriff *schockgefrostet* heute als Qualitätsmerkmal behauptet hat [11, 14].

Zur Charakterisierung der Leistungsfähigkeit eines Gefrierverfahrens wird die mittlere Gefriergeschwindigkeit $\bar{w}$ internationalen Vereinbarungen zufolge definiert als

$$\bar{w} = d_{min}/t \qquad (3)$$

Dabei stellt d_{min} den kürzesten Abstand des Produktkerns zu seiner Oberfläche dar. Mit der Gefrierzeit t bezeichnet man die Zeit zur Abkühlung des Produktkerns von $T = 0\,°C$ auf $T = -10\,°C$. Nach Pohlmann [20] lassen sich die Gefriergeschwindigkeiten entsprechend Tabelle 1 einteilen. Kühlprodukte gefrieren von außen beginnend bis zum

Tabelle 1: Einteilung der Gefriergeschwindigkeiten [20].

Gefrierart	Gefriergeschwindigkeit $\bar{w}$
sehr langsam	$\leq 0.1\,cm/h$
langsam	$0.1\,cm/h \leq \bar{w} \leq 0.5\,cm/h$
schnell	$0.5\,cm/h \leq \bar{w} \leq 5\,cm/h$
sehr schnell	$\geq 5\,cm/h$
ultra schnell	z. B. $200\,cm/h \leq \bar{w} \leq 600\,cm/h$

Kern. Je nach Verhältnis des äußeren Wärmeübergangskoeffizienten α_a zur inneren Wärmeleitfähigkeit λ des Produktes nimmt die Gefriergeschwindigkeit zum Kern hin mehr oder weniger ab [21].

Für die Produktqualität ist neben der Gefriergeschwindigkeit auch die artgerechte Weiterverarbeitung wie Verpackung, Tiefgefrierlagerung und der Auftauvorgang ausschlaggebend. Um unerwünschtes Mikroorganismen - Wachstum beim Auftauvorgang zu vermeiden, sollte vor der Zubereitung keine Erwärmung über $T \geq +10\,°C$ im Produkt auftreten. Dem Auftauvorgang wurde erst mit der Entwicklung der Großküchen besondere Aufmerksamkeit gewidmet. Untersuchungen zeigen, daß konventionelle Auftaumethoden wie Heißluft, Dampf oder IR - Strahlung gleich bewertbar sind. Gegenüber den konventionellen Auftaumethoden lassen sich mit dem Mikrowellenverfahren höhere Auftaugeschwindigkeiten erreichen. Besonders bei rohem Fleich minimiert sich dadurch der Saftverlust und der bakterielle Verderb, auch hier sind örtliche Überhitzungen zu vermeiden [13].

Für die richtige Handhabung gefrorener Lebensmittel sollten Hinweise auf der Verpackung zu einem optimalen Auftauvorgang und zur Aufbereitung nicht fehlen.

2.3 Gefrierverfahren

Zum Tiefgefrieren von Lebensmitteln stehen je nach Anwendungsfall unterschiedliche Gefrierverfahren zur Verfügung. Unter den vorwiegend verwendeten Gefrierverfahren läßt sich die konventionelle Gefriertechnik bei Kälteerzeugung mittels Kompressionskältemaschinen der kryogenen Gefriertechnik gegenüberstellen.

a) **Zur konventionellen Gefriertechnik zählen u. a.** [5]:

- Umluftgefrieren
- Kontaktgefrieren in Plattenapparaten
- Gefrieren in kalten Flüssigkeiten

Beim UMLUFTGEFRIEREN stellt eine Kompressionskältemaschine die erforderliche Kälte zur Verfügung. Der als Wärmetauscher ausgelegte Verdampfer kühlt einen im Kreislauf geführten Luftstrom. Die Luft umströmt und kühlt das Produkt, nimmt dabei selbst Wärme auf, transportiert diese zum Verdampfer und kühlt sich dort erneut ab. Die Luft dient als Wärmeträgermedium. Außer dem Wärmetransport findet bei unverpaktem Kühlgut ein Stofftransport der Produktfeuchtigkeit statt. Dies ruft ein Austrocknen des Kühlgutes und eine Vereisung des Verdampfers und anderer Anlagenteile hervor. Umluftgefrieranlagen lassen sich einteilen in diskontinuierliche und kontinuierliche Verfahren. Stationäre Gefrierschränke oder Kaltlagerräume zählen zu den diskontinuierlichen Verfahren, bei denen das Kühlgut auf Hordenwagen gefriert. Anwendungsgebiete der Kaltlufttechnik bestehen beispielsweise im Gefrieren von Schweine- oder Rinderhälften und im Gefrieren von Backwaren. Spiral- und Linearfroster, bei denen das Kühlgut die Frosterkammer auf einem Transportband passiert sowie Wirbelschichtverfahren gehören zu den kontinuierlichen Kaltluftanlagen. Beim Wirbelschichtverfahren durchströmt die kalte Luft das Kühlgut von unten nach oben und hält das Produkt während der Abkühlung in Schwebe. Durch die auftretenden turbulenten Strömungen entsteht ein hoher Wärmeübergang zwischen Produkt und Kaltluft. Zum Wirbelschichtgefrieren eignen sich in erster Linie rieselfähige Produkte wie Erbsen, Maiskörner, Beeren oder Pommes - Frites, die von einer Gasströmung fluidisiert werden können. Mit erhöhtem Wärmeübergang bei gesteigerter Luftgeschwindigkeit steigen die Trocknungsverluste gleichermaßen an [15].

Beim *KONTAKTGEFRIEREN* erfolgt der Wärmeübergang durch Leitung an kalte Metallplatten. Als Kontaktplatten nutzt man auch hier den Verdampfer einer Kompressionskältemaschine oder man kühlt die Platten mit einer Sole. Durch den thermisch leitenden Kontakt zwischen Produkt und Verdampfer erübrigt sich der Einsatz eines zusätzlichen Wärmeträgermediums. Als Kühlgut bieten sich Produkte an, die planparallel einfrierbar sind. Hier lassen sich besonders Spinat und andere Gemüsesorten nennen. Trocknungsverluste der Produkte sind beim Kontaktgefrieren nicht signifikant.

GEFRIEREN IN KALTEN FLÜSSIGKEITEN durch Eintauchen oder Besprühen der Produkte findet im verpackten sowie im unverpackten Zustand statt. Als Kühlmedium kommen Kochsalzlösungen sowie ein- und mehrwertige Alkohole bei einer Temperatur von $T \approx -20\,°C$ zur Anwendung. Die notwendige Kälte stellt wieder eine Kompressionskältemaschine zur Verfügung. Ein wesentlicher Vorteil gegenüber Kaltluft als Trägermedium ist ein höherer Wärmeübergang am Produkt und Verdampfer, nachteilig sind auftretende Verschmutzungen und eine geschmackliche Beeinflussung unverpackter Lebensmittel durch Rückstände der Sole.

b) Kryogene Kälte

Zwei wesentliche Unterschiede kennzeichnen die kryogene Gefriertechnik gegenüber der konventionellen Umluft - Gefriertechnik. Die Kühlung erfolgt bei kryogener Kälteanwendung mit verflüssigten tiefkalten Gasen. Die Kältemaschine zur Gasverflüssigung ist vom Einsatzort der Kälte entkoppelt. Sie produziert speicherbare und transportable Kälte in Form eines verflüssigten Gases. Als zweiter Unterschied ist zu erwähnen, daß die tiefkalte Flüssigkeit auf das Kühlgut gesprüht wird und so ein direkter Kontakt zwischen Kühlmittel und Kühlgut entsteht. Durch Verdampfen an der Produktoberfläche entzieht das Kühlmittel dem Kühlgut die Wärme ohne zusätzliche Wärmetauscher oder Wärmeträgermedien. Nach der Erwärmung des Gases ist es als Kälteträger nutzlos und entweicht in die Atmosphäre [4]. Bei der kryogenen Gefriertechnik mit verflüssigten Gasen läßt sich gegenüber der Umluft - Gefriertechnik eine schnellere Abkühlung bei gleicher Temperaturdifferenz erreichen.

In der kryogenen Gefriertechnik unterscheidet man ähnlich dem Umluftgefrieren zwischen diskontinuierlichem Betrieb in Frosterschränken und kontinuierlichem Betrieb bei Bandfrostern. Während früher hauptsächlich Stickstoff als praktikables kryogenes Kühlmittel genutzt wurde, erreicht Kohlendioxid heute den gleichen Stellenwert.

Flüssiger Stickstoff ermöglicht als kryogenes Kühlmittel infolge der Verdampfungstemperatur von $T_{N_2} = -196\,°C$ eine hohe Temperaturdifferenz zum Kühlgut und damit einen hohen Wärmestrom. Der äußere Wärmeentzug darf jedoch nicht zu hoch sein, da sonst die Produktoberfläche versprödet und aufreißen kann. In kontinuierlich arbeitenden Bandfrostern sprüht man den flüssigen Stickstoff kurz vor dem Frosterausgang auf das Produkt. Der flüssige Stickstoff verdampft und bewegt sich im Gegenstrom zum Kühlgut zur Absaugung an der Produkteingabe. Das kalte Gas kühlt dabei die Produkte vor, so daß sich im Sprühbereich die Gefahr der Oberflächenversprödung vermindert.

Die Oberflächenversprödung ist beim Einsatz von Kohlendioxid als kryogenes Kühlmittel gegenüber Stickstoff geringer, da die Phasen-Umwandlungs-Temperatur von

Kohlendioxid mit. $T_{CO_2} = -78.7\,°C$ eine weniger schroffe Abkühlung hervorruft. Gefrieranlagen mit Kohlendioxid setzt man beispielsweise beim Frosten von Geflügelteilen, gepreßten Formmassen (Frikadellen oder vegetarischer Kost), Meeresfrüchten, Backwaren und Pastateigprodukten ein.
Tabelle 2 zeigt einen Vergleich der Wärmeübergangskoeffizienten α bei verschiedenen Gefrierverfahren.

Tabelle 2: Wärmeübergangskoeffizienten α verschiedener Gefrierverfahren [22–24].

Gefrierverfahren	WÜ - koeffizient α $W/(m^2 \cdot K)$
Luft, freie Konvektion	5 - 7
Luft, Zwangskonvektion	8 - 30
Kontaktgefrieren	35 - 60
Flüssigkeitsberieselung	100 - 900
sublimierender Schnee	ca. bis 1000
siedender Stickstoff	ca. bis 2000

Die Kühlmedien Luft, Stickstoff und Kohlendioxid können im Anwendungstemperaturbereich unterschiedliche Wärmemengen aufnehmen. Die Einsatztemperatur von Kaltluftanlagen liegt üblicherweise nicht unter $T_L = -45\,°C$ [20]. Die Einsatztemperatur von flüssigem Stickstoff beträgt $T_{N_2} = -195,8\,°C$, die von Kohlendioxid $T_{CO_2} = -78.7\,°C$. Geht man davon aus, daß die Kühlmittel den Froster nach der Kälteabgabe mit $T_{End} = 0\,°C$ verlassen, so ergibt sich für Luft eine Kältemenge von $q_L = 45,3\,kJ/kg$, für flüssigen Stickstoff von $q_{N2} = 382\,kJ/kg$ und für Kohlendioxid von $q_{CO_2} = 348,7\,kJ/kg$. Bei Stickstoff wurde von einem üblichen Tankdruck von $p_T = 3\,bar$, bei Kohlendioxid von einem Tankdruck $p_T = 18\,bar$ und einem Entspannungsverlauf nach Bild 9 ausgegangen. Mit der Kälteleistung von 1 kg Kohlendioxid im oben dargestellten Zustand läßt sich beispielsweise 0.83 kg Wasser von +20 °C abkühlen und als Eis mit 0 °C ausgefrieren.

Die dargestellten Vorteile der kryogenen Kühltechnik lassen sich zusammenfassen mit hoher Fexibilität, hoher Kühlgeschwindigkeit und geringen Trocknungsverlusten, was sie besonders für den Einsatz hochwertiger und unverpackter Produkte auszeichnet [4,25].

Außer zum Gefrieren hat die Verwendung von Kohlendioxid in der Lebensmitteltechnik noch den weiteren Vorteil der Eindämmung des Keimwachstums infolge einer sauerstoffarmen Frosteratmosphäre. Nach Verpackung der Produkte in einer Schutzgasatmosphäre bleibt die Keimreduzierung weiterhin erhalten. Das Inertgas CO_2 hemmt besonders das Wachstum von Keimarten wie Pseudomonas, die zu den hauptsächlichen Verderbniserregern in der Fleischwirtschaft zählen. Das Verpacken unter CO_2-Schutzgasatmosphäre dient im besonderen Maße auch der Aromaerhaltung [26].

Im folgenden Abschnitt werden die physikalischen, chemischen und physiologischen Eigenschaften sowie die Anwendungsgebiete des Kohlendioxids dargestellt.

2.4 Eigenschaften von Kohlendioxid CO_2

Kohlendioxid ist das Anhydrid der eigentlichen Kohlensäure H_2CO_3. In Wasser gelöstes CO_2 liegt zu ca. 0.1% als Säure vor. H_2CO_3 existiert nicht in freier Form. Kohlendioxid wird gewöhnlich als Kohlensäure bezeichnet.
Kohlendioxid ist seit altersher aus Erdquellen und seit Jahrhunderten als Abfallgas aus der Gärung und beim Kalkbrennen bekannt. Schon Paracelsus (1493-1541) unterschied es deutlich von der Luft, die zu 78 Vol.-% aus Stickstoff (N_2), 21 Vol.-% aus Sauerstoff (O_2) und 0.03 bis 0.05 Vol.-% aus Kohlendioxid (CO_2) besteht. J. B. Helmont (1577-1644) erkannte, daß es sich bei dem Gas um einen Bestandteil der Luft handelt. Erst gegen Ende des 18. Jahrhunderts bewiesen A. L. Lavoisier durch Synthese und S. Tennant durch Analyse, daß Kohlendioxid eine stöchiometrische Kohlenstoff / Sauerstoff-Verbindung ist. Anfang des 19. Jahrhunderts gelang H. Faraday erstmals die Verflüssigung und kurz darauf M. Thilorier durch Entspannung des flüssigen Kohlendioxids die Schnee-Erzeugung in geringer Menge. Durch Abpumpen des Kohlendioxids aus einer Schnee / Äther-Lösung erreichte Faraday 1845 die bis dahin tiefste Temperatur von $T = -100\,°C$. Die industrielle Herstellung von CO_2 begann 1874 in der Schweiz und 1881 in Deutschland. Das Trockeneis wurde erstmals 1925 von der Dry Ice Corporation, New York, industriell hergestellt und als neues Kühlmittel propagiert. Bereits 1927 wurde auch in Deutschland die Produktion aufgenommen [27].

CO_2 ist ein Produkt, das eng mit den Lebensvorgängen der Pflanzen und Tiere verbunden ist. Bei der Photosynthese durch die Pflanzen wird CO_2 zur Erzeugung organischer, energiereicher Kohlenstoffverbindungen eingesetzt. Der entstehende Sauerstoff wird zum Abbau der organischen Substanz durch Mensch und Tier benötigt. Als Endprodukt entsteht wieder CO_2, das über die Atmungswege in die Atmosphäre gelangt und somit einen geschlossenen Kreislauf bildet [28].
Kohlendioxid ist unter Normalbedingungen (0 °C, 1 bar) ein farbloses, nicht brennbares Gas mit leicht säuerlichem Geschmack. Es ist schwerer als Luft und sinkt demzufolge zu Boden.
Flüssiges CO_2 ist ebenfalls farblos und existiert nach Bild 4 nur im Bereich zwischen dem Tripelpunkt mit $T_{Tr} = -56.6\,°C$ bei $p_{Tr} = 5.18\,bar$ und dem kritischen Punkt mit $T_{KP} = +31\,°C$ bei $p_{KP} = 73.8\,bar$. Unter Umgebungsdruck von $p_U = 1\,bar$ ist CO_2 nur im festen oder gasförmigen Zustand vorhanden.
Wenn festes CO_2 aus einem Entspannungsprozeß entsteht, so liegt es als Schnee mit weißem Aussehen vor. Beim Ausgefrieren an kalten Oberflächen ist festes CO_2 klarsichtig. Das Aussehen von CO_2 ähnelt in allen 3 Phasenzuständen dem des Wassers.
Die Kohlensäureindustrie nutzt heute für die Gewinnung von CO_2 Abgase aus Gär-, Verbrennungs- oder anderen chemischen Prozessen, und die Quellenkohlensäure. Bei der Quellenkohlensäure handelt es sich um natürliche Lagerstätten in der Erde. Das aus Flach- und Tiefbohrungen mit über 1000 m Tiefe gewonnene Kohlendioxid weist einen hohen Reinheitsgrad auf. Natürliche Vorkommen findet man in Deutschland in Ost-Westfalen, im Oberhessischen Bergland, in Nordfranken, im Neckar- und im Rheintal. Von der deutschen Gesamt-CO_2-Produktion werden 10% mit Quellenkohlensäure gedeckt [21, 28, 30].
Unabhängig von der CO_2-Gewinnung wird das Gas den Verfahrensschritten Reinigung, Verdichtung, Trocknung, Nachreinigung und Verflüssigung unterworfen. Die Zwi-

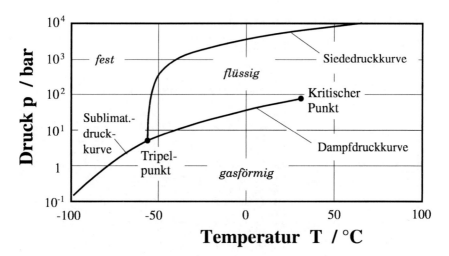

Bild 4: p-T-Zustandsdiagramm von Kohlendioxid [29].

schenlagerung des verflüssigten Kohlendioxids geschieht in Niederdruckbehältern. Eine Verteilung zum Anlagenbetreiber erfolgt dann durch die Abfüllung in Straßen- und Eisenbahntankwagen sowie in Einzelflaschen. Die Lagerung in Flaschen oder Hochdrucktanks findet bei Umgebungstemperatur statt, so daß bei $T_U = 20\,°C$ ein Flaschen- bzw. Tankdruck mit $p_T = 58.5\,bar$ entsteht. In thermisch isolierten Niederdrucktanks lagert das Kohlendioxid bei Tanktemperaturen von $-30°C \leq T_T \leq -19°C$, welches Tankdrücken von $14\,bar \leq p_T \leq 20\,bar$ entspricht. In Tabelle 3 sind einige Stoffdaten von CO_2 aufgeführt.

Die Strukturformel der CO_2-Atombindung lautet O = C = O. Nach Bild 5 beträgt der Abstand zwischen dem Kern des C-Atoms und dem eines O-Atoms 0.1163 nm. Im Wasser gelöstes Kohlendioxid bildet die Kohlensäure

$$CO_2 + H_2O = H_2CO_3.$$

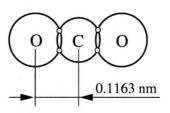

Bild 5: CO_2-Atomabstand [31].

Vom gelösten CO_2-Gas liegen nur 0.1% als Kohlensäure im Wasser vor. Entsprechend der Dissoziationskonstanten von $K = 10^{-7}\,mol/l$ bei $T = 25\,°C$ wäre H_2CO_3 eine mittelstarke Säure. Wegen der geringen H_2CO_3-Konzentration wirkt eine CO_2-H_2O-Lösung jedoch nur als schwache Säure [27]. Der pH-Wert wässriger CO_2-Lösungen beträgt bei Normaldruck $pH = 3.7$. Eine Druckerhöhung auf $p = 5.6\,bar$ senkt den pH-Wert auf $pH = 3.3$. Dieser bleibt auch bei weiterer Drucksteigerung konstant [32].

Tabelle 3: Eigenschaften von CO_2.

allgemein	Molare Masse $\widetilde{M}$	44.011 kg/kmol
	Spezielle Gaskonstante R	188.9 J/kg K
	Molares Normvolumen $\widetilde{V}_N$	22.263 m^3/kmol
	Gasdichte im Normzustand ρ_N	1.977 kg/m^3
Tripelpunkt	Druck p_{Tr}	5.18 bar
	Temperatur T_{Tr}	-56.57 °C
	Gasdichte $\rho_{g,Tr}$	2.74 kg/m^3
	Flüssigkeitsdichte $\rho_{l,Tr}$	1177.9 kg/m^3
	Feststoffdichte $\rho_{s,Tr}$	1512.4 kg/m^3
Kritischer Punkt	Druck p_{kr}	73,83 bar
	Temperatur T_{kr}	31 °C
	Dichte ρ_{kr}	466.0 kg/m^3
bei $p = 1.0\,bar$	Sublimationstemperatur T_{Sub}	-78.7 °C
	Sublimationsenthalpie Δh_{Sub}	573 kJ/kg
Gas $\quad -50\,°C \leq T \leq 0\,°C$	mittl. isobare Wärmekapazität $\bar{c}_p$	0,79 kJ/kg K
Gas $\quad -50\,°C \leq T \leq 0\,°C$	mittl. spez. Wärmeleitfähigkeit λ	13 W/m K

CO_2 ist unter Normalbedingungen eine vergleichsweise stabile Verbindung, die erst bei hohen Temperaturen in Kohlenmonoxid (CO) und Sauerstoff (O) zerfällt. Der Zersetzungsgrad beträgt bei $T \approx 1200\,°C$ ca. 0.032 Vol-%. Bei der CO_2-Anwendung im Kühlbereich ist daher nicht mit einer Zersetzung zu rechnen.

Ausgehend von $T_{Sub} = -78.7\,°C$ kann Schnee bei $p_U = 1\,bar$ eine Wärmemenge von $q = 635\,kJ/kg$ aufnehmen, um in den dampfförmigen Zustand überzugehen und sich auf $T = 0\,°C$ zu erwärmen. Sublimiert Schnee in eine Atmosphäre, die nicht nur aus CO_2-Dampf besteht, sondern eine Mischung aus Gasen wie Stickstoff, Sauerstoff und anderen enthält, so findet die Sublimation aufgrund des geringeren CO_2-Partialdruckes bei einer Temperatur unterhalb von $T_{Sub} \leq -78.7\,°C$ statt. Bild 6 zeigt die Sublimationstemperaturkurve von CO_2 nach Fernándes-Fassnacht im Vergleich zu Meßwerten der Sublimationstemperatur von Kuprianoff bei unterschiedlichen CO_2-Anteilen bei dem Gesamtdruck von $p_{ges} = 1\,bar$.

Zur Bestimmung der thermodynamischen Eigenschaften von CO_2 im Druckbereich $0.1\,bar \leq p_T \leq 1000\,bar$ und im Temperaturbereich von $-50\,°C \leq p_T \leq 820\,°C$ gibt Sievers [34] Berechnungsgleichungen und tabellarische Werte an. Die Dampf- sowie Sublimationsdruckkurve in Bild 4 und in Bild 6 kann z. B. nach Fernándes-Fassnacht [35] berechnet werden. Weitere Berechnungsgleichungen physikalischer Größen von CO_2 sind in Daubert/Danner [36] zu finden. Keßler [37] approximiert die Meßwerte der Feststoffdichte von Barnes/Maas [38]. Weitere detaillierte physikalische Daten von CO_2 sind in [21, 27, 29, 30, 32, 34, 39–47] zu finden.

Für den Gebrauch soll das Kohlendioxid möglichst frei von Verunreinigungen und Fremdgasen sein. Der geforderte Reinheitsgrad ist vom Verwendungszweck abhängig.

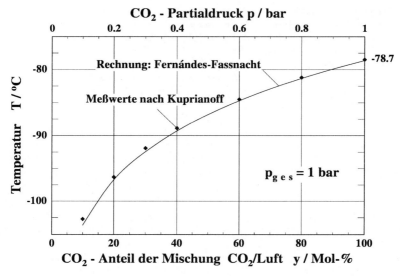

Bild 6: Sublimationstemperaturkurve von CO_2 im Vergleich zu Meßwerten der Sublimationstemperatur bei unterschiedlichen CO_2 - Gasanteilen [33].

Zur Verwendung in der Lebensmittelindustrie ist ein Reinheitsgrad von 99,5 Vol-% gefordert, in der Getränkeindustrie liegt ein Standard von 99,95 Vol-% vor. In der Lasertechnik ist ein Reinheitsgrad von 99,99 Vol-% bis 99,999 Vol-% erforderlich. Je nach Verwendungszweck dürfen einige Verunreinigungen wie z. B. Schwefelwasserstoff (H_2S) oder Kohlenoxysulfid (COS) überhaupt nicht enthalten sein.
Die Löslichkeit von Inertgasen nimmt in flüssigem Kohlendioxid bei sinkender Temperatur ab. Aus diesem Grunde scheiden sich Reste solcher Gase während der Verflüssigung teilweise selbständig ab oder werden in nachfolgenden Verfahrensstufen abgetrennt. Häufig enthält das Rohgas geringe Mengen an Schwefelverbindungen. Schwefelwasserstoff oxidiert man im allgemeinen in einer Permanganat- oder Chromatwäsche zu Schwefel. Das selten enthaltene Schwefeldioxid (SO_2) kann mit Kalk entfernt werden. Feuchtes Kohlendioxid neigt bei der Verflüssigung und Entspannung leicht zu Verstopfungen, besonders im Bereich der Entspannungsorgane und in Meßleitungen. Man trocknet das Gas heute ausschließlich adsorptiv an Kieselgel, aktivierter Tonerde oder mit Molekularsieben [27].

Im menschlichen Organismus regelt CO_2 insbesondere die Atmungsfrequenz. CO_2-Konzentrationen, die über den normalen Atmosphärengehalt hinausgehen, wirken auf das Zentralnervensystem stimmulierend, stark erhöhte Konzentrationen wirken depressiv [48]. 2.5 Vol.-% sind erträglich, 3 bis 5 Vol.-% gelten als Atmungsreizmittel und rufen bei längerem Einatmen Vergiftungserscheinungen hervor. Während bei 8 Vol.-% und normalem Sauerstoffgehalt eine offene Flamme erlischt, treten beim Menschen bereits ab ca. 5 Vol.-% Erstickungserscheinungen auf. 10 Vol.-% sind als gefährlich anzusehen, da sie nach ca. 10 Minuten zur Bewußtlosigkeit führen. Die erhöhte Gefahr liegt im Ab-

sinken des CO_2 zum Boden und einer dadurch hervorgerufenen Auffüllung von schlecht belüfteten Räumen. Zu Boden gefallene Bewußtlose sind einer weiter erhöhten CO_2-Konzentration ausgesetzt. Es wurde festgestellt, daß CO_2-Konzentrationen erst ab 29 bis 30 Vol.-% auf Versuchstiere innerhalb von 30 bis 60 Minuten tödlich wirken [21]. In Lagerräumen mit Erntegut, in dem die Oxidation von Kohlenwasserstoffverbindungen CO_2-Konzentrationen bis 38 Vol.-% erzeugten, kam es bei Arbeitern wiederholt zu Vergiftungserscheinungen, die teilweise zum Tod führten. Die Vergiftungserscheinungen äußerten sich in Kopfschmerzen, erhöhter Puls- und Atmungsfrequenz, Schwindel, Ohrenklingeln, Nachlassen der groben Kraft, Reflexverlangsamung, motorischer Unruhe, Bewußtseinstrübung bis Koma und Anstieg der Körpertemperatur [48]. Warnzeichen überhöhter CO_2-Konzentrationen sind das Klopfen in Schläfen, säuerlicher Geschmack, Schläfrigkeit und Geruch sowie Kehlkopfreiz. Die maximale Arbeitsplatzkonzentration von CO_2 liegt bei 5000 ppm [49].
Da es für CO_2 keinen wirksamen Filter gibt, kommen als Schutzmittel nur Frischluft- oder Sauerstoffgeräte in Frage.

Eine schädliche Wirkung von CO_2 auf Kühlgut besteht nicht. Es wird sogar bei vielen leicht verderblichen Kühlgütern, besonders bei empfindlichen Obstsorten, Eiern und Fleisch, eine mit CO_2 angereicherte Atmosphäre zur Konservierung angewendet, um Oxidation durch Luftsauerstoff zu verhindern und die Einwirkung von Mikroorganismen zu hemmen [21].

Das Einrichten und Betreiben einer CO_2-Anlage, ebenso wie die Drucklagerung und Handhabung von CO_2, unterliegt in Deutschland einschlägigen Sicherheitsvorschriften. Außerdem ist die Erlaubnis der nach Landesrecht zuständigen Behörden einzuholen. Ortsfeste und bewegliche Behälter für CO_2 sind regelmäßigen Prüfungen zu unterziehen. Es gelten die Unfallverhütungsvorschriften der Berufsgenossenschaft der chemischen Industrie sowie die Druckgasverordnung des Deutschen Normenausschusses samt technischer Regeln [27, 49, 50].

2.5 CO_2-betriebener Linearfroster

Der Unterschied verschiedener Gefrierverfahren und die Vorteile des kryogenen Gefrierens von Lebensmitteln wurde im Kapitel 2.3 dargestellt. Anlageskizzen und detaillierte Beschreibungen der unterschiedlichen konventionellen Gefrierverfahren sind in [9, 20, 22, 46, 51, 52] zu finden. Bild 7 zeigt das Anlagenschema zum Frosten mit Kohlendioxid als kryogenes Kühlmittel nach dem herkömmlichen Verfahren mit 2-Punkt-Regelung. Die Anlage besteht aus den 3 Hauptkomponenten Tankanlage, Versorgungssystem und Linearfroster. Spätere Versuche zur CO_2-Dosierung finden in einem Linearfroster analog zu Bild 7 statt. Als Lagerbehälter stehen stationäre CO_2-Tankanlagen mit Fassungsvermögen von $M = 2 - 30\,t$ zur Verfügung. Der CO_2-Tank befindet sich möglichst in der Nähe des Frosters. Die CO_2-Anlieferung erfolgt mit einem Tankwagen, der das flüssige Kühlmittel in den Lagerbehälter pumpt. Während der Befüllung des CO_2-Tanks bedarf es keiner Unterbrechung des Frosterbetriebes.
Zur Füllmengen- und Verbrauchskontrolle befindet sich der CO_2-Tank auf einer Waage oder man nutzt ein Differenzdruckmeßgerät. Bei der Tankanlage handelt es sich um sogenannte Niederdruckbehälter (NdB) mit Drücken bis $p \approx 20\,bar$. Die Installation erfolgt als liegender oder stehender Behälter. Der mittlere Lagerdruck des flüssigen

Kohlendioxids beträgt für den Frosterbetrieb gewöhnlich $p_T = 18\,bar$. Die örtlichen Meßgeräte PI 1 und TI 1 zeigen den Tankdruck bzw. die Tanktemperatur an. Im Tank befindet sich über der Flüssigkeit CO_2 - Gas, welches näherungsweise im thermodynamischen Gleichgewicht mit der Flüssigkeit steht. Zum Tankdruck von $p_T = 18\,bar$ stellt sich eine Gleichgewichtstemperatur von $T_T = -22.9\,°C$ ein. Um den Wärmestrom aus der Umgebung in den Tank gering zu halten, ist der Behälter mit einer 250 mm dicken Isolierschicht aus PUR - Schaum, die mit einem dünnen Zinkblech verkleidet ist, thermisch isoliert. Trotz der Isolierschicht erwärmt sich das CO_2 im Tank, dabei verdampft ein Teil der Flüssigkeit mit der Folge einer Druckerhöhung. Um den Wärmeeinfall in den Tank zu kompensieren und den Druckanstieg zu begrenzen, befindet sich ein Kühlaggregat am CO_2 - Tank. Das Kühlaggregat besteht aus einer Kompressionskältemaschine mit einer Leistung, die zur Gefrierleistung des gespeicherten Kohlendioxids relativ gering ist [1,53,54]. Die Nennleistung der Kühlmaschine variiert mit der Tankgröße, heute nutzt man R 404 als Kältemittel in der Kühlmaschine. Steigt der Tankdruck um $\Delta p_T \geq 0.5\,bar$ des Nenndrucks an, so beginnt die Kühlung des Kohlendioxids. Am Verdampfer, der sich im oberen Teil des Tanks befindet, kondensiert ein Teil des CO_2 - Dampfes, dies ruft eine Nachverdampfung und damit eine Abkühlung der CO_2 - Flüssigkeit hervor. Die Regelung ist so eingestellt, daß der Tankdruck mit $\Delta p_T = \pm 0.5\,bar$ um den Nenndruck schwankt. Neben dem Kühlaggregat befindet sich eine Heizung im unteren Teil des CO_2 - Tanks. Die Heizung dient zur Aufrechterhaltung eines minimalen Tankdruckes, der üblicherweise bei $p_{T\,min} = 14\,bar$ eingestellt ist. Die Gefahr eines geringen Tankdruckes entsteht bei der Entnahme großer Mengen gasförmigen Kohlendioxids. Die Gasentnahme führt zur Flüssigkeitsverdampfung und damit zur Abkühlung und zur Drucksenkung. Niedrige Außentemperaturen verstärken die Druckabnahme im Tank. Die Einstellungen des Tankdrucks, der Schaltpunkte für das Kühlaggregat und die Heizung lassen sich je nach Anlagenhersteller in gewissen Grenzen variieren. Als Sicherheitsorgan befindet sich am Tank ein Überdruckventil Y 1, welches gasförmiges CO_2 in die Atmosphäre entweichen läßt, sobald der Tankdruck über $p_{T\,max} \geq 23\,bar$ steigt.

Vom Tank führt je eine Gas- und eine Flüssigkeitsleitung zum Linearfroster. Der Anschluß der Rohrleitung für flüssiges Kohlendioxidbefindet sich am Boden des CO_2 - Tanks, daher strömt während der Kühlmittel - Einspritzung nur flüssiges Kohlendioxid in die Verbindungsleitung ein. Die Rohrleitung ist mit einem 34 mm dicken Schaummantel thermisch isoliert. Für die meistens als Schlauch ausgeführte Gasleitung ist keine thermische Isolierung vorgesehen. Das CO_2 - Gas wird zum Spülen der Sprühleisten benötigt.

Nach Bild 7 lassen sich die Gas- und Flüssigkeitsleitung am CO_2 - Tank mit den beiden Kugelhähnen H 1 und H 2 öffnen bzw. schließen. Über den Kugelhahn H 3 ist eine Verbindung zwischen Gas- und Flüssigkeitsleitung möglich. Als Sicherheitsorgan der Flüssigkeitsleitung dient das Überdruckventil Y 2, welches besonders bei zweiseitiger Absperrung der gefüllten Leitung einen hohen Druck bis $p \geq 60\,bar$ und ein Bersten der Rohrleitung verhindert. Am Froster steuern die beiden Magnetventile V 1 und V 2 die Gas- und Flüssigkeitsströmung. Die beiden Magnetventile sollten sich möglichst nahe am Froster befinden, um die nachfolgenden Leitungen möglichst kurz auslegen zu können. Der Kugelhahn H 4 dient dem manuellen Verschließen der Kühlmittelleitung bei längerem Anlagenstillstand, den Montagearbeiten am Froster und Notfällen. Hinter dem Gasmagnetventil V 1 befindet sich ein Rückschlagventil V 3, mit dem man

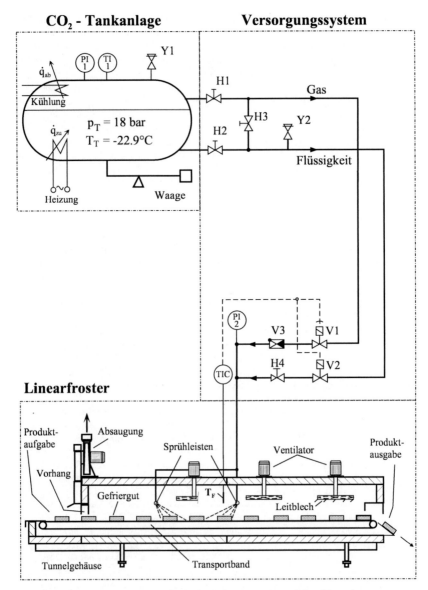

Bild 7: Anlagenschema eines herkömmlichen cryogenen CO_2-Linearfrosters.

verhindert, daß Kühlmittelflüssigkeit in die Gasleitung gelangt.
Die Flüssigkeitsleitung führt im Froster zu sogenannten Sprühleisten, die als Rohrleitung quer über das Transportband geführt wird. Die Gasleitung mündet ebenfalls in die Sprühleisten. Ein Manometer PI 2 zeigt den Druck im Rohrleitungssystem hinter den Magnetventilen an. In den Sprühleisten befinden sich je nach Transportbandbreite 3 oder mehr Sprühdüsen, durch die das Kohlendioxid in den Froster gelangt. In Abhängigkeit von der Frosterlänge variiert die Anzahl der Sprühleisten zwischen 2 und 3. Die Sprühleisten sind so ausgerichtet, daß sie unter einem Winkel von 45° auf das Transportband sprühen. Bei einer paarweisen Anzahl der Sprühleisten erfolgt die Anordnung in der Art, daß die Sprühstrahlen jeweils gegeneinander gerichtet sind, um eine möglichst gleichmäßige dynamische Druckverteilung zu erreichen. Die Regelung der Frostertemperatur T_F erfolgt mit dem Temperatur-Regler TIC, welcher die Magnetventile V 1 und V 2 ansteuert. Der Regler TIC zeigt ebenfalls den Ist- und Sollwert der Frostertemperatur T_F an.

Der Linearfroster besteht im wesentlichen aus einem geschlossenen Tunnelgehäuse, mit Öffnungen zur Produktauf- und -ausgabe. Das Tunnelgehäuse ist aus einer Verbundkonstruktion aus hochverdichtetem PUR-Schaum gefertigt, der sich als Isolierschicht zwischen zwei rostfreien Edelstahlblechen befindet. Die Dicke der PUR-Isolierschicht beträgt je nach Hersteller zwischen 100 und 150 mm [55]. Um eine Zugänglichkeit des Frosters besonders für Reinigungsarbeiten zu ermöglichen, bestehen unterschiedliche Konstruktionslösungen. Zum einen sind Türen bzw. Klappen am Gehäuse vorgesehen, zum anderen besteht die Möglichkeit, den Froster mit speziell installierten Hubvorrichtungen zu öffnen. Als Beispiel ist in Bild 8 die Ausführung eines AGA Freeze L 750-6 / CO_2, der Fa. AGA Gas GmbH, Bad Driburg-Herste, dargestellt, bei dem sich die Tunnelhaube mit 4 Spindeltrieben heben läßt.

Bild 8: Linearfroster AGA Freeze L 750-6 CO_2 [56].

Im unteren Teil des Tunnelgehäuses befindet sich ein Transportband, auf dem das Kühlgut durch den Froster gefördert wird. Die Produkteingabe ist an der linken Seite der in den Bildern 7 und 8 dargestellten Frostern. An der Produktaufgabe ragt das Transportband aus dem Tunnelgehäuse heraus, um das Kühlgut auflegen zu können. Vorhänge an der Produktauf- und -ausgabe bewirken ein hinreichend dichtes Tunnelgehäuse. Die Beschickung des Frosters mit Kühlgut kann manuell oder automatisch von vorgeschalteten Übergabestationen erfolgen. Im Bild 8 ist der aus einem Edelstahl - Drahtgeflecht hergestellte Fördergurt und die Trägerkonstruktion sichtbar. Der Bandantrieb erfolgt mit einem geschwindigkeitsregelbaren Elektromotor. Mit der Geschwindigkeitsregelung läßt sich einerseits die Verweilzeit im Froster einstellen, andererseits ermöglicht es, in Verbindung mit einer höhenverstellbaren Produkteingabe, die einfache Integration des Frosters in bestehende Produktionslinien. An der Produktausgabe ist eine fortlaufende Weiterverarbeitung, z. B. zur Verpackung des Kühlgutes, möglich. Als Kühlgut lassen sich praktisch alle Produkte frosten, die durch die Produkteingabe mit einer lichten Höhe von üblicherweise 250 mm passen. Die Arbeitsbreite der Fördergurte beträgt zwischen 0.6 und 1.8 m und die Frosterlänge zwischen 4 und 12 m. Standard - Gefrierleistungen der Froster liegen zwischen 100 und 2700 kg/h [25]. Sonderbauformen werden von den meisten Herstellern ebenfalls angeboten. Im Froster befinden sich über dem Transportband axial fördernde Ventilatoren, deren Anzahl mit der Frostergröße variiert. Die Ventilatoren bewirken eine Gaszirkulation, durch die ein hoher Wärmeübergang am Kühlgut entsteht. Ferner bewirken die Ventilatoren eine Durchmischung der Frosteratmosphäre, so daß eine Vergleichmäßigung der Frostertemperatur entsteht. An dem Ventilator vor der Produktausgabe sind Leitbleche installiert, die das Kaltgas in Richtung Produkteingabe fördern und einen Kaltgasaustritt am Frosterende verhindern. Über der Produkteingabe erfolgt die Absaugung des in den Frostertunnel eingesprühten Kühlmittels.

Zum Einschalten der gesamten Anlage ist das Versorgungsleitungssystem zunächst mit CO_2 - Dampf vorzuspannen. Hiermit läßt sich verhindern, daß beim Öffnen der Flüssigkeitsleitung ein Druckabfall unter den Tripelpunktsdruck von $p_{Tr} = 5.18\,bar$ entsteht und die Rohrleitung mit Schnee verstopft. Die Leitungsvorspannung erfolgt mit dem Öffnen des Kugelhahnes H 1. Die Gasleitung füllt sich, bis der gleiche Druck wie im Tank vorliegt. Durch Öffnen der Verbindungsleitung mit dem Kugelhahn H 3 füllt sich die Flüssigkeitsleitung ebenfalls mit CO_2 - Dampf. Nach dem Verschließen der Verbindung zwischen Gas- und Flüssigkeitsleitung kann mit H 2 das flüssige Kühlmittel zum Frosterbetrieb freigegeben werden. Für den Frosterbetrieb sprüht man Kühlmittel aus der Flüssigkeitsleitung in die Gefrierkammer ein. Der entstehende Schnee und das CO_2 - Kaltgas kühlen das Produkt und den Frosterinnenraum.

Um den Froster zu Produktionsbeginn auf Betriebstemperatur abzukühlen, sprüht man taktweise CO_2 in den Froster ein. Bei einer ständigen Kühlmittel - Einspritzung gelangt zuviel Schnee in den Froster, der nicht vollständig sublimieren kann und sich unter dem Transportband ansammeln würde. Die zeitgesteuerte Einspritzung ermöglicht eine Frosterabkühlung bei vollständiger Sublimation des Schnees. Zum Eindüsen von Kühlmittel in den Froster öffnet das Magnetventil V 1 die Flüssigkeitsleitung für eine Zeit von beispielsweise 60 s. Danach schließt das Magnetventil V 2, womit die Kühlmittel - Zuführung stoppt. Zum Spülen des Rohrleitungssystems öffnet gleichzeitig mit dem Abschalten der Flüssigkeitsleitung das Magnetventil V 1 die CO_2 - Gasleitung. Das CO_2 - Gas drückt die restliche Flüssigkeit aus den Sprühleisten und dem Leitungssystem. Das Spülen der Sprühleisten ist notwendig, um ein Verstopfen der Rohrleitung und Düsen vorzubeugen, denn hinter dem Magnetventil V 2 ist die Rohrleitung nach hinten offen. Ohne Gasspülung sinkt der Druck nach dem Abschalten der Flüssigkeitsleitung im Rohrleitungssystem bis zum Erreichen des Umgebungsdruckes ab. Befindet sich noch CO_2-Flüssigkeit in dem Rohrleitungsteil hinter dem Magnetventil V 2, so entsteht daraus Schnee, sobald ein Druck niedriger als $p_{Tr} = 5.18\,bar$ vorliegt. Der entstandene Schnee würde das Leitungssystem spätestens beim nächsten Einsprühzyklus verstopfen. Der Spülvorgang mit CO_2-Gas endet nach ca. 4 Sekunden, da im Verteilersystem dann erfahrungsgemäß kein flüssiges CO_2 mehr vorhanden ist. Nach einer Pausenzeit von beispielsweise 30 s beginnt der Einsprühzyklus erneut. Die Taktzeiten des Einsprüh-, Nachspül- und Pausenzyklus lassen sich mit der Einstellung von Zeitrelais verändern. In den Versorgungsleitungen mit einem Innendurchmesser von $D_R = 13\,mm$ und einer Länge bis zu $L = 50\,m$ wurde während der Einsprühphasen ein maximaler Strömungsdruckverlust von $\Delta p = 3\,bar$ beobachtet.

Sobald der Froster auf Betriebstemperatur abgekühlt ist, übernimmt eine Regelung die Temperatur-Überwachung im Froster. Die Temperaturregelung erfolgt ebenfalls bei diskontinuierlicher Kühlmittelzuführung. Die Einsprüh- und Pausenzeiten sind nun nicht mehr zeit- sondern temperaturgesteuert. Ist die Frostertemperatur höher als die eingestellte Solltemperatur, so gibt das Magnetventil V 2 die Kühlmittelflüssigkeit frei, die Frostertemperatur sinkt. Bei Erreichen eines unteren Grenzwertes stoppt das Magnetventil V 2 den Kühlmittelstrom und leitet den Nachspültakt ein. Die anschließende Pausenzeit besteht solange, bis die eingestellte obere Grenztemperatur wieder erreicht ist, bei der die Kühlmittel-Einspritzung erneut beginnt. Die Frostersolltemperatur und die Schaltpunkte der Temperaturdifferenz zum Ein- und Ausschalten des Kühlmittels lassen sich an dem Regler TIC einstellen. Die nominale Einstellung beträgt gewöhnlich $\Delta T = \pm 5\,°C$ vom Sollwert.

Wie Bild 7 zeigt, befinden sich die Sprühleisten im mittleren bis vorderen Bereich des Frosters. Dies ist notwendig, damit evtl. auftretende CO_2-Schneeansammlungen auf dem Kühlgut vor dem Austritt aus dem Froster sublimieren können. Befindet sich am Frosterausgang noch Schnee auf dem Kühlgut, so sublimiert dieser ungenutzt in der Raumatmosphäre der Betriebsstätte. Vorwiegend sublimieren die CO_2-Schnee-Partikeln in der Frosteratmosphäre. Die installierten Ventilatoren sorgen auf dem Weg des Produktes zum Frosterausgang für mehrmaligen Kontakt des Kaltgases mit dem Kühlgut. Im Bereich zwischen dem Eingang des Frostertunnels und der CO_2-Einspritzung findet die Vorkühlung des Kühlgutes statt. Nachdem das Kaltgas aus dem Tunnel ausgetreten ist, gelangt es in die Absaugung und wird über Rohrleitungen als Abgas in die Atmosphäre außerhalb der Produktionsgebäude gefördert.

Die Anpassung des Gefriervorgangs an das jeweilige Kühlgut erfolgt durch Variation der Frostertemperatur und/oder der Bandgeschwindigkeit. Als Gefrierparameter lassen sich die Produkteingangs- und -ausgangstemperaturen, das Gefrierverhalten und die Produktmenge nennen. Die Gefriereigenschaften der Lebensmittel sind von der Größe, der Form, dem Aufbau und der Oberfläche sowie den Inhaltsstoffen abhängig [1]. Sollte die Bandgeschwindigkeit durch vorgeschaltete Produktionsprozesse festgelegt sein, so bleibt nur die Veränderung der Frostertemperatur, um das Kühlgut auf die geforderte Endtemperatur abzukühlen. Besteht die Möglichkeit, Bandgeschwindigkeit und Frostertemperatur zu wählen, so sollte die Geschwindigkeit möglichst gering und die Temperatur möglichst hoch eingestellt werden. Hierdurch erreicht man lange Verweilzeiten und geringen Kühlmittelverbrauch.

3 Mehrphasenströmung in Zuleitung und Düse

Während der Kühlmittelzuführung zum Froster kommt es innerhalb der CO_2-Versorgungsleitung und der Düsen, infolge der Druckabnahme und des Wärmestromes in das Fluid, zu mehrphasigen Strömungszuständen. Der Anwendungsdruckbereich zwischen dem Lagerdruck von $p_T = 18\,bar$ im Tank und dem Umgebungsdruck von $p_U = 1\,bar$ ist im Druck/Enthalpie-Diagramm des Bildes 9 eingetragen, wobei in 1. Näherung ein Entspannungsvorgang bei konstanter Enthalpie angenommen wurde. Im Tank stehen CO_2-Flüssigkeit und CO_2-Dampf näherungsweise im thermischen Gleichgewicht. Der Lagerzustand des flüssigen Kohlendioxids entspricht dabei einem Zustand auf

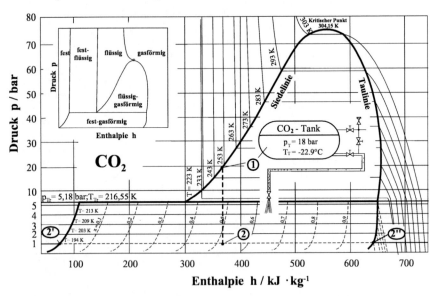

Bild 9: Druck-Enthalpie-Diagramm von CO_2 mit der auftretenden Zustandsänderung.

der Siedelinie, der im Bild 9 mit dem Zustand ① gekennzeichnet ist. Zu dem Tankdruck von $p_T = 18\,bar$ stellt sich die Gleichgewichtstemperatur von $T_T = -22.9\,°C$ ein. Aus dem Tank strömt flüssiges Kohlendioxid in der Rohrleitung zum Froster, wo es dann auf den Umgebungsdruck von $p_U = 1\,bar$ und auf die zugehörige Sublimationstemperatur von $T_{Sub} = -78.7\,°C$ entspannt. Da der Tripelpunktsdruck von CO_2 mit $p_{Tr} = 5.18\,bar$ und der Temperatur von $T_{Tr} = -56.6\,°C$ innerhalb des Arbeitsdruckbereichs liegt, findet bei dem Entspannungsvorgang ein mehrfacher Phasenwechsel des Kühlmittels statt. Zwischen dem Tankdruck von $p_T = 18\,bar$ und dem Tripelpunktsdruck von $p_{Tr} = 5.18\,bar$ verdampft ein Teil des flüssigen Kohlendioxids. Bei Erreichen des Tripelpunktsdruckes tritt ein plötzlicher Phasenwechsel der CO_2-Flüssigkeit zu CO_2-Feststoff auf. Gleichzeitig nimmt bei diesem Phasenwechsel der

Dampfanteil schlagartig zu. Bei der restlichen Drucksenkung von $p_{Tr} = 5.18\,bar$ bis auf Umgebungsdruck sublimiert ein geringer Teil des CO_2-Feststoffs zu CO_2-Dampf. Mit dem Endzustand ② befindet sich das Kühlmittel im Sublimationsgebiet, bei dem keine CO_2-Flüssigkeit mehr existiert, sondern nur noch Feststoff im Zustand ②' und mit etwa gleichem Anteil Gas im Zustand ②" vorliegen.
Bild 10 zeigt die Gas- Flüssigkeitsströmung am Ende der Rohrleitung. Im Düsenbereich kommt noch Schnee hinzu. Bei den auftretenden mehrphasigen Strömungszuständen läßt sich der Entspannungsverlauf weder mit den Berechnungsmethoden für die Flüssigkeitsströmung noch für die Gasströmung bestimmen.

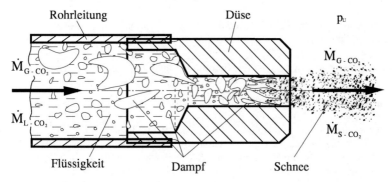

Bild 10: Düsenquerschnitt mit den drei Phasen der CO_2-Strömung.

Um eine verstopfungsfreie Strömung ohne Schneebildung zu gewährleisten, muß der Druck innerhalb der Düse höher als der Tripelpunktsdruck des Kohlendioxids sein. Zur Bestimmung des Druckverlaufs innerhalb einer Düse muß der Stoff- und Strömungszustand des Kohlendioxids, der wesentlich vom CO_2-Dampfgehalt abhängig ist, bekannt sein. Mit der Druckabnahme und dem Wärmestrom in die Rohrleitung nimmt die Dampfmenge während der Strömung vom CO_2-Tank bis zum Düsenende ständig zu, dies wird im folgenden dargestellt.

3.1 Dampfmenge und Strömungsform in der CO_2-Leitung

Das im Tank und den Rohrleitungen befindliche Kohlendioxid ist mit $T_T = -22.9\,°C$ kälter als die Raumtemperatur. Trotz einer Isolierung des Tanks und der Rohrleitungen findet ein Wärmestrom $\dot{Q}$ von der Umgebung in das kalte Fluid statt. Die flüssige Phase verdampft, wenn der herrschende Druck im Raum über der Flüssigkeit geringer ist als der Flüssigkeitsdampfdruck. Verdampfen einer Flüssigkeit tritt bei Wärmezufuhr auf und findet bei Drucksenkung als Entspannungsverdampfung statt. Bei geringer Wärmezufuhr oder geringer Drucksenkung siedet die Flüssigkeit nur an der Oberfläche, bei schneller Drucksenkung entsteht die Verdampfung unter Blasenbildung außer an der Oberfläche und den Wandungen auch im Inneren der Flüssigkeit, man spricht hier vom 'Flashen'. Die Phasenverteilung von Gas und Flüssigkeit ist bei der Entspannungsverdampfung gleichmäßiger als bei der Verdampfung durch Wärmezufuhr [57].

Bild 11 zeigt vereinfacht die Vorgänge in einem horizontalen Verdampferrohr mit vollständiger Verdampfung der Flüssigkeit bei geringer Massenstromdichte $\dot{m}$ und mäßiger Wärmezufuhr. In das Verdampferrohr tritt unterkühlte Flüssigkeit ein, die

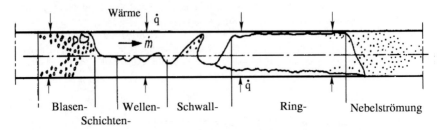

| Blasen- | Wellen- | Schwall- | Ring- | Nebelströmung |
Schichten-

Bild 11: Strömungsformen bei Flüssigkeitsverdampfung im horizontalen Rohr [44].

sich im wandnahen Bereich überhitzt. Bei hinreichender Überhitzung bilden sich Blasen, die bei einer bestimmten Größe abreißen und in den Flüssigkeitskern gelangen. Der Flüssigkeitskern bleibt anfangs unterkühlt, so daß die Blasen wieder kondensieren. Liegt in der gesamten Flüssigkeit Siedetemperatur vor, so entstehen Blasenketten aus kleinen Blasen die mit ansteigender Zahl agglomerieren und größere Dampfbereiche bilden. Infolge der Schwerkraft entsteht eine Schichtenströmung mit Dampf im oberen und Flüssigkeit im unteren Bereich. Die Phasentrennung führt zu unterschiedlichem Wärmeübergangsverhalten im Dampf gegenüber der Flüssigkeit und zu unterschiedlichen Strömungsgeschwindigkeiten, wodurch bei erhöhter Gasgeschwindigkeit eine Wellenströmung entsteht, die im weiteren Verlauf in eine Schwallströmung übergeht. Bei der Schwall- und anschließenden Ringströmung ist die Flüssigkeitsbenetzung der Rohrwand so effektiv, daß ein gleichmäßiger Wärmeübergang am gesamten Rohrumfang erreicht wird. Mit Eintreten der Nebelströmung trocknet die Rohrwand teilweise aus, womit sich der Wärmeübergang reduziert. Die auftretende Strömungsform läßt sich mit Hilfe sogenannter Strömungsformenkarten bestimmen, deren Anwendungen im VDI-Wärmeatlas [44] für eine horizontale Rohrströmung ausführlich beschrieben sind.

In vertikal angeordneten Rohrleitungen mit aufwärtsgerichteter Strömung können die sechs in Bild 12 dargestellten Strömungsformen auftreten. Bei der Blasenströmung ist der Dampf in Form kleiner Blasen in der kontinuierlichen Flüssigphase fein verteilt. Bei gleichgroßen Blasen treten gleiche Auftriebskräfte auf, deshalb finden selbst bei dichter Packung wenig Berührungen zwischen den Blasen statt. Mit zunehmendem Dampfgehalt können die Blasen zu größeren Kolben agglomerieren. Kolbenblasen sind vorne abgerundet und hinten flach. In ihrem Nachlauf ziehen sie meist mehrere kleine Kugelblasen hinter sich her. Die Kolbenblasen verlängern sich, bis die Flüssigkeitsbrücken zerbrechen und eine chaotische Strömung entsteht. Mit weiterer Dampfzunahme entsteht eine Ringströmung, wobei die im Kern strömende Dampfphase kleinere Tropfen und größere Flüssigkeitsbereiche aus der ringförmigen Flüssigkeitsschicht herausreißt. Es entsteht eine Ring / Strähnen - Strömung. Bei der dann auftretenden Nebelströmung ist die gesamte Flüssigkeit in Form von Tropfen fein im Dampf verteilt. Für vertikale Rohrströmungen läßt sich die auftretende Strömungsform ebenfalls mit

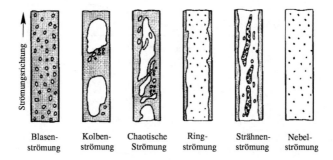

Bild 12: Strömungsformen im vertikal aufwärts durchströmten Rohr [58].

einer Strömungsformenkarte nach [44] sowie nach Hewitt und Roberts [59] bestimmen, die für spätere Aussagen genutzt wird.

Für den Kühlprozeß entspannt das Kohlendioxid unter Dampf- und Schneebildung von $p_T = 18\,bar$ im CO_2-Tank bis auf Umgebungsdruck $p_U = 1\,bar$ im Froster. Unter der Annahme, daß sich die Flüssigkeit bzw. der Schnee ständig im Gleichgewicht mit dem Dampf befinden und die Enthalpie während der Entspannung konstant bleibt, zeigt Bild 13 den entstehenden Dampfmassenanteil $\dot{x}$ und den Dampfvolumenanteil $\dot{x}_v$ in Abhängigkeit des Druckes. Die dargestellten Dampfmengen berechnen sich nach Bild 9 aus

$$\dot{x} = \frac{h'_{18bar} - h'}{h'' - h'} \quad (4)$$

$$\dot{x}_v = \frac{\dot{x} \cdot v''}{\dot{x} \cdot (v'' - v') - v'} \quad (5)$$

Bei $p_T = 18\,bar$ ist kein Dampf in der CO_2-Flüssigkeit enthalten. Mit der Drucksenkung nimmt der Dampfmassenanteil $\dot{x}$ leicht progressiv zu. Der Dampfvolumenanteil $\dot{x}_v$ steigt zu Beginn der Entspannung stark an, mit weiterer Drosselung verläuft der Dampfvolumenanteil degressiv. Der Dampfvolumenanteil $\dot{x}_v$ ist infolge der geringeren Dampfdichte gegenüber der Flüssigkeitsdichte wesentlich höher als der Dampfmassenanteil $\dot{x}$. Bei dem Druck von $p = 15\,bar$, was einer realen Druckabnahme um $\Delta p = 3\,bar$ in einer Rohrleitung entspricht, existiert mit $\dot{x}_v = 0.53$ ungefähr gleiches Dampf- und Flüssigkeitsvolumen, wobei der Dampfmassenanteil $\dot{x} = 0.04$ ist. Der Dampfvolumenanteil $\dot{x}_v$ beträgt bei dem Druck von $p = 15\,bar$ mehr als das 10-fache des Dampfmassenanteils. Am Tripelpunkt mit $p_{Tr} = 5.18\,bar$ zeigt die Dampfentwicklung einen unstetigen Verlauf, was sich mit der plötzlichen Dampfzunahme bei der Phasenumwandlung von Flüssigkeit zu Schnee begründen läßt. Vor der Phasenumwandlung liegt der Dampfmassenanteil $\dot{x} = 0.2$ vor, nach der Phasenumwandlung beträgt der Dampfmassenanteil

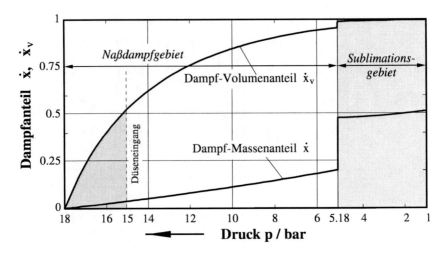

Bild 13: Dampfmassenanteil $\dot{x}$ und Dampfvolumenanteil $\dot{x}_v$ über dem Druck p.

$\dot{x} = 0.48$. Der Dampfvolumenanteil nimmt von $\dot{x}_v = 0.95$ vor der Phasenumwandlung auf $\dot{x}_v = 0.99$ nach der Phasenumwandlung zu. Bei Umgebungsdruck $p_U = 1\,bar$ ist der Dampfmassenanteil $\dot{x} = 0.52$, d. h. es entstehen 52 Massen-% CO_2-Dampf und 48 Massen-% Schnee, der volumetrische Dampfgehalt beträgt dabei $\dot{x}_v = 0.998$.

Im Bild 14 ist für $1\,kg$ Kohlendioxid das Volumen der Flüssigkeit V_l, das im Sublimationsgebiet in das Feststoffvolumen V_s übergeht, das Gasvolumen V_g und das Gesamtvolumen V_{ges} für die Entspannung bei konstanter Enthalpie und Phasengleichgewicht über dem Druck p dargestellt. Um die Volumenentwicklung zwischen $18\,bar \leq p \leq 5.18\,bar$ bis $V_{CO_2} = 30\,dm^3$ in einem übersichtlichen Maßstab darzustellen, ist das Diagramm in zwei Teile gegliedert. Bei Entspannungsbeginn von $p = 18\,bar$ bildet die CO_2-Flüssigkeit das Gesamtvolumen mit $V_{ges} = V_l = 0.957\,dm^3$. Das Flüssigkeitsvolumen nimmt bis zum Tripelpunktsdruck vor der Phasenumwandlung auf $V_l = 0.68\,dm^3$ ab. Nach der Phasenumwandlung entsteht ein Feststoffvolumen von $V_s = 0.34\,dm^3$, das nach der Entspannung bis $p_U = 1\,bar$ auf $V_s = 0.31\,dm^3$ nochmals geringfügig sinkt.
Als Dampf liegt am Tripelpunkt vor der Phasenumwandlung ein Volumen von $V_g = 14.31\,dm^3$ und nach der Phasenumwandlung bei gleichem Druck ein Volumen von $V_g = 34.69\,dm^3$ vor. Damit findet am Tripelpunkt eine plötzliche Zunahme des Gesamtvolumens auf das 2.4-fache statt. Bei Umgebungsdruck von $p_U = 1\,bar$ entsteht letztlich ein Dampfvolumen von $V_g = 187.85\,dm^3$, welches näherungsweise auch dem Gesamtvolumen von $V_{ges} = 188.16\,dm^3$ entspricht.

Messungen des Kühlmittelverbrauchs an Betriebsfrostern zeigten während einer Einsprühphase CO_2-Massenströme bis zu $\dot{M}_{CO_2} = 500\,kg/h$. Infolge der Sprühpausen stellt sich jedoch als mittlerer Massenstrom $\overline{\dot{M}}_{CO_2}$ ein geringerer Wert ein, der bei der Frosterabkühlung $\overline{\dot{M}}_{CO_2} = 250\,kg/h$ und während des Produktionsvorganges, je nach Frostergröße, Produktmenge und Abkühlung, $100\,kg/h \leq \overline{\dot{M}}_{CO_2} \leq 300\,kg/h$ beträgt.

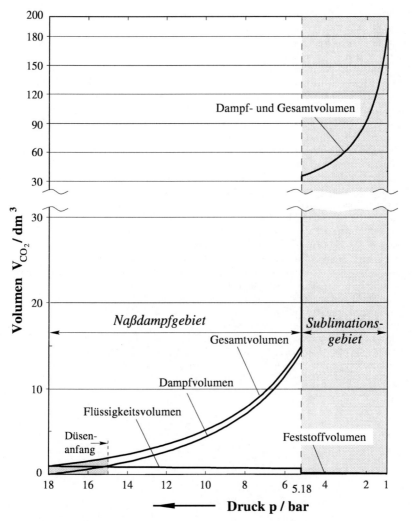

Bild 14: CO_2 - Volumen V_{CO_2} in Abhängigkeit des Druckes p.

Ohne Produktzuführung, d. h. im Frosterleerlauf, liegt ein CO_2 - Verbrauch von mindestens $\overline{\dot{M}}_{CO_2} = 35\,kg/h$ vor, um eine Frostertemperatur von $T_F = -45\,°C$ zu halten. Bei der diskontinuierlichen Kühlmittel-Zuführung stellt sich bei jedem Einsprühtakt der maximale CO_2 - Massenstrom ein. Bei kontinuierlicher Kühlmittel-Zuführung ist der auftretende momentane Massenstrom im stationären Zustand gleich dem mittleren Massenstrom.

Der Druck innerhalb der Versorgungsleitung beträgt beim praktischen Frosterbetrieb zwischen $p_T = 18\,bar$ und $p = 15\,bar$. Die nach den Bildern 13 und 14 dargestellte Dampfmenge erhöht sich bei Frosterbetrieb noch zusätzlich infolge einer Wärmeströmung in die Versorgungsleitung, deren Einfluß nun abgeschätzt werden soll.
Die Kupferrohrleitung ist üblicherweise mit einer 34 mm dicken Isolierschicht aus Armaflex umgeben und weist eine Wärmeleitfähigkeit von $\lambda = 0.035\,W/m\,K$ auf [60]. Bei einer Umgebungstemperatur von $T = 20\,°C$ und einer mittleren CO_2-Temperatur von $\overline{T}_{CO_2} \approx -23\,°C$ innerhalb der Rohrleitung, kann bei der guten Isolierung von einem Verdampfungsvorgang bei geringer Wärmezufuhr ausgegangen werden. Solange in der Rohrleitung keine Schichten- oder Nebeströmung auftritt, kann von einer ständigen Benetzung der inneren Rohrwand mit Kühlmittelflüssigkeit ausgegangen werden. Zur Abschätzung des maximalen Wärmestromes in die Rohrleitung wird der innere Wärmeübergang zwischen CO_2-Flüssigkeit und Rohrwand nach [44] für einen Dampfmassenanteil von $0 \leq \dot{x} \leq 0.07$ berechnet. Der äußere Wärmeübergang zwischen der Isolierung und der Umgebungsluft ergibt sich aus einer Iteration, wobei eine Außentemperatur an der Isolierschicht angenommen wird, dann der Wärmestrom von der CO_2-Flüssigkeit durch die Kupferrohrleitung und die Isolierschicht in die Umgebungsluft berechnet wird, und damit die angenommene Außentemperatur korrigiert werden kann. Für den angegebenen Dampfbereich ergibt sich ein mittlerer Wärmestrom in eine horizontale Rohrleitung von $\dot{q} \approx 4.5\,W/m$ [61]. Dieser Wert verändert sich bei einer vertikalen Rohrleitung kaum, da der Wärmestrom vorrangig von der Isolierschicht abhängig ist. In einer $L = 30\,m$ langen Versorgungsleitung verdampft infolge des Wärmestromes eine Menge von $\dot{M}_{CO_2} = 1.69\,kg/h$, in der $L = 80\,m$ langen Rohrleitung verdampft eine Menge von $\dot{M}_{CO_2} = 4.51\,kg/h$.
Der in der Rohrleitung entstehende Dampfmassenanteil $\dot{x}$ bzw. Dampfvolumenanteil $\dot{x}_v$ ist abhängig vom Gesamtmassenstrom $\dot{M}_{CO_2}$ des Kühlmittels. Für die im Bild 15 dargestellten Kurvenverläufe des Dampfmassen- und des Dampfvolumenanteils wurde eine $L = 30\,m$ und $L = 80\,m$ lange Rohrleitung bei dem Druck von $p = 18\,bar$ zugrunde gelegt. Nach

$$\dot{x}_{(\dot{q})} = \frac{\dot{Q}}{\Delta h_{v,18} \cdot \dot{M}} \quad (6)$$

mit

$$\dot{Q} = \dot{q} \cdot L \quad (7)$$

ist der aus dem Wärmestrom entstehende massen- und volumenbezogene Dampfgehalt besonders bei geringem Massenstrom $\dot{M}_{CO_2}$ sehr hoch, mit steigendem Massenstrom verringert sich der Dampfgehalt. Für die $L = 30\,m$ lange Rohrleitung ist mit $\dot{M}_{CO_2} \geq 150\,kg/h$ der volumetrische Dampfgehalt $\dot{x}_v < 0.2$, bei gleichem Massenstrom $\dot{M}$ entsteht in der $L = 80\,m$ langen Rohrleitung ein Dampfgehalt von $\dot{x}_v \approx 0.4$.
Es stellt sich nun die Frage nach der Strömungsform, wobei zwischen diskontinuierlicher und kontinuierlicher Kühlmittel-Zuführung zu unterscheiden ist. Bei diskontinuierlichem Betrieb bilden sich in den Einsprühpausen Bereiche vermehrter Gasansammlung, die zu Beginn jeder Einsprühphase unregelmäßige Strömungsformen verursachen. Nachdem die Rohrleitung vollständig durchströmt ist, stellt sich dann immer die gleiche Strömungsform ein.

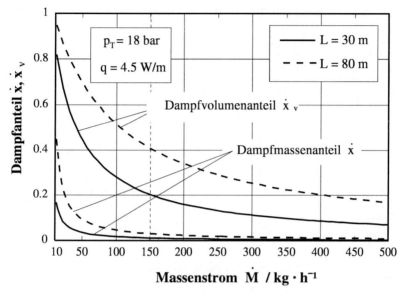

Bild 15: Durch Wärmestrom entstehende Dampfmenge am Ende einer 30 m bzw. 80 m langen CO_2- Versorgungsleitung.

Zur Bestimmung der Strömungsformen bei kontinuierlicher Kühlmittel-Zuführung sind zunächst die Bereiche des Dampfgehaltes $\dot{x}$ und der Massenstrom $\dot{M}_{CO_2}$ abzuschätzen. Der minimale Dampfgehalt tritt mit $\dot{x}_{min} = 0.029$ bei dem Massenstrom von $\dot{M}_{CO_2,max} = 300\ kg/h$ auf. Für den maximalen Dampfgehalt läßt sich näherungsweise $\dot{x}_{max} = 0.069$ angeben, der nach Bild 15 bei geringem Massenstrom infolge des Wärmetransportes in die Rohrleitung und dem durch Strömungsdruckverlust entstehenden Dampfgehalt nach Bild 13 auftritt. Nach [62] können für die horizontale Rohrströmung Schichten-, Wellen-, Schwall- oder Pfropfen- sowie Blasenströmung am Rohrende vorliegen. Ring- und Nebelströmung liegen außerhalb der Bereichsgrenzen und treten bei kontinuierlicher Kühlmittel-Zuführung im horizontalen Rohr nicht auf. Für eine vertikale Rohrströmung bei gleichen Randbedingungen wie für die horizontale Strömung ergeben sich nach [59] als mögliche Strömungsformen die Pfropfen- oder Schwallströmung und die chaotische Strömung. Im vorderen Teil der Rohrleitung treten auch hier Strömungsformen bei geringerem Dampfgehalt auf. Infolge des variablen Massenstromes ändert sich auch die örtliche Strömungsform.

Im praktischen Frosterbetrieb kann es besonders durch unsachgemäße oder beschädigte Rohrleitungsisolierungen, aber auch durch wesentlich längere Versorgungsleitungen zu erhöhter Dampfbildung kommen. Bei der diskontinuierlichen als auch bei einer kontinuierlichen Kühlmittel-Dosierung strömt teilweise nur CO_2- Dampf, teilweise nur CO_2- Flüssigkeit und teilweise ein Gemisch aus CO_2- Dampf und CO_2- Flüssigkeit durch die Austragseinrichtungen. Die unterschiedlichen Phasen und Phasengemische weisen verschiedene Stoffeigenschaften und unterschiedliches Strömungsverhalten auf, was sich

z. B. in der Strömungsgeschwindigkeit, im Druckverlauf und im Massenstrom äußert. Der in Bild 16 dargestellte, mit Fluid gefüllte Druckbehälter, der über den Kugelhahn H1 und die Rohrleitung mit einer Düse verbunden ist, dient der Beschreibung einer Druckströmung. Bei geöffneter Rohrleitung strömt das Fluid aus dem Behälter durch die Leitung und Düse ins Freie. Unter der Voraussetzung, daß sich der Behälterdruck p_T und der Umgebungsdruck p_U nicht ändern, stellt sich infolge der Reibungs- und Trägheitskräfte ein stationärer Druckgradient in der Rohrleitung und Düse ein. Der ausfließende Massenstrom $\dot{M}_{CO_2}$ stabilisiert sich dabei auf einen konstanten Wert.

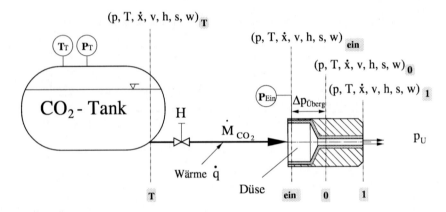

Bild 16: Anlagenskizze einer Strömungsapparatur.

Der Ausgangszustand des Kohlendioxids im CO_2-Tank ist mit dem Index 'T' gekennzeichnet und kann mit den Größen Druck p_T, Temperatur T_T, Dampfanteil $\dot{x}_T$, spezifischem Volumen v_T, spezifischer Enthalpie h_T und spezifischer Entropie s_T als gegeben angenommen werden. Der Zustand vor der Düse wird mit dem Index 'Ein', der Zustand innerhalb der Düse mit dem Index '0' und der Zustand am Düsenende mit dem Index '1' gekennzeichnet. Zur Bestimmung des Ausströmverhaltens in der Düse ist die Kenntnis der Zustandsgrößen vor und hinter der Düse sowie das Stoffverhalten während der Fluidentspannung erforderlich. Da Flüssig-, Dampf-, und Gemischströmungen auch mit Feststoff auftreten können, werden diese im folgenden getrennt dargestellt.

3.2 Strömung inkompressibler Fluide

Unter inkompressiblen Fluiden versteht man Fluide, bei denen die Dichte ρ nur sehr wenig vom Druck abhängig ist. Flüssigkeiten ohne Dampfanteil zählen in der Regel zu den inkompressiblen Fluiden, vereinfachend werden aber auch Gase bei geringen Druck- und Temperaturänderungen sowie geringer Strömungsgeschwindigkeit als inkompressibel bezeichnet [63]. Zur Beschreibung der Strömung inkompressibler Fluide sei zunächst eine reibungsfreie Strömung angenommen.

Beim Ausströmen einer inkompressiblen Flüssigkeit aus dem im Bild 16 dargestellten Tank mit konstantem Innendruck p_T wandelt sich die Druckenergie in kinetische Energie des austretenden Strahls um. Gewöhnlich findet bei inkompressiblen Fluiden eine vollständige Entspannung bis auf Umgebungsdruck innerhalb der Düse statt. Der Druck p_1 an der Düsenmündung entspricht dann dem Umgebungsdruck p_U. Zur Berechnung der Strömungsgeschwindigkeit w_1 am Düsenende dient die allgemeine Eulersche Bewegungsgleichung für ein reibungsfreies inkompressibles oder kompressibles Fluid entlang einer Stromlinie s [64].

$$\frac{1}{\rho_l} \cdot \frac{\partial p}{\partial s} + g \cdot \frac{\partial z}{\partial s} + \frac{\partial (w^2/2)}{\partial s} + \frac{\partial w}{\partial t} = 0 \qquad (8)$$

Handelt es sich um eine stationäre Strömung in konstantem Querschnitt, so ist $\frac{\partial w}{\partial t} = 0$. Unter der Voraussetzung konstanter Dichte ρ_l (inkompressibel), horizontaler Strömung und ruhendem Fluid im Tank ($w_T \approx 0$) liefert die Integration der Gleichung (8) die Bernoullische Gleichung [64].

$$w_1 = \sqrt{\frac{2 \cdot (p_T - p_U)}{\rho_l}} \qquad (9)$$

Zur Berechnung der Strömungsgeschwindigkeit w_1 einer nicht reibungsfreien inkompressiblen Strömung muß der Druckverlust in der Düse berücksichtigt werden und der Düseneinlaufdruck p_{ein} bekannt sein. Nach Bild 17 entsteht in der Düse ein Druckver-

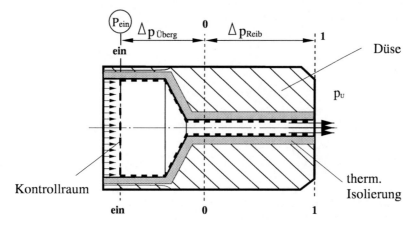

Bild 17: Kontrollraum und Druckverlust in einer Düse.

lust $\Delta p_{Überg}$ durch Verengung vom großen zum kleinen Strömungsquerschnitt und ein Druckverlust Δp_{Reib} durch Fluidreibung an der inneren Oberfläche der Strömungsröhre. Im Übergangsbereich liegt ein hoher Turbulenzgrad und damit eine intensive Durchmischung vor. Der Strömungsverlauf ist in Bild 18 für einen Übergangswinkel von

$\beta = 90°$ dargestellt, wobei die Verwirbelungen nach ca. $8 - 10 \cdot D_0$ abgeklungen sind. Infolge der Querschnittsverringerung tritt ein Druckverlust ebenfalls durch Fluidbeschleunigung auf [65].

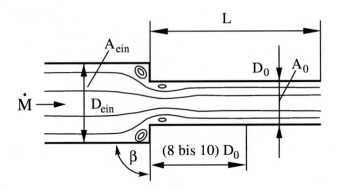

Bild 18: Strömung bei scharfkantiger Verengung [44].

Mit dem Kontraktionskoeffizienten α und dem Flächenverhältnis f zwischen Einströmquerschnitt A_{ein} und Abströmquerschnitt A_0 berechnet sich der Druckverlust $\Delta p_{\ddot{U}berg}$ nach Buhrke et. al. [66] entsprechend den Gleichungen (10) und (11). In dem Druckverlust $\Delta p_{\ddot{U}berg}$ ist nicht die Druckminderung infolge Geschwindigkeitszunahme zwischen A_{ein} und A_0 berücksichtigt.

$$\Delta p_{\ddot{U}berg} = \frac{\xi}{2} \cdot \frac{\dot{M}^2}{A_{ein}^2 \cdot \rho_l} \tag{10}$$

wobei:

$$\xi = f^2 \cdot \left(\frac{1}{\alpha} - 1\right)^2 \quad \text{mit} \quad \alpha = 0.57 + \frac{0.043}{1.1 - \frac{1}{f}} \quad \text{und} \quad f = \frac{A_{ein}}{A_0} \tag{11}$$

Zur Berechnung des Übergangsdruckverlustes nach Gl. (10) und (11) werden außer den Strömungsquerschnitten A_{ein} und A_0 als Geometriegrößen sowie der Dichte ρ_0 als Zustandsgröße auch der Massenstrom $\dot{M}$ als Betriebsgröße benötigt.

Der Reibungsdruckverlust Δp_{Reib} in der Strömungsröhre der Düse berechnet sich mit

$$\Delta p_{Reib} = \frac{\lambda}{2} \cdot \rho_l \cdot \bar{w}_0^2 \cdot \frac{L}{D_0} \tag{12}$$

wobei sich der Widerstandsbeiwert λ für turbulente Strömungen im hydraulisch glatten Rohr nach Blasius mit $Re = D_0 \cdot w_0 / \nu_0$ durch

$$\lambda = \frac{0.316}{Re^{0.25}} \qquad \text{im Bereich} \qquad 3 \cdot 10^3 \leq Re \leq 10^4 \qquad (13)$$

berechnen läßt. Für laminare Strömungen ist der Widerstandswert $\lambda = 64/Re$. Die Länge L und der Durchmesser D_0 der Strömungsröhre sind Geometriegrößen der Düse entsprechend Bild 18.
Unter Berücksichtigung der Druckverluste $\Delta p_{Überg}$ und Δp_{Reib} läßt sich die Ausströmgeschwindigkeit w_1 am Düsenende dann aus

$$w_1 = \sqrt{\frac{2 \cdot (p_{ein} - \Delta p_{Überg} - \Delta p_{Reib} - p_U)}{\rho_l}} \qquad (14)$$

bestimmen. Der ausströmende Massenstrom $\dot{M}$ berechnet sich mit der Gleichung

$$\dot{M} = w_1 \cdot A_1 \cdot \rho_l \qquad (15)$$

wobei A_1 der Strömungsquerschnitt am Düsenende ist.
Als begrenzende maximale Strömungsgeschwindigkeit tritt die Schallgeschwindigkeit $w_{Schall,l}$ auf. Diese berechnet sich für inkompressible Flüssigkeiten nach

$$w_{Schall,l} = \sqrt{\frac{E}{\rho_l}} \qquad (16)$$

mit dem Elastizitätsmodul E und der Dichte ρ_l der Flüssigkeit. Bei einer Temperatur von $T = 20\,°C$ ergibt sich beispielsweise für Wasser mit der Dichte $\rho_l = 998.2\,kg/m^3$ und dem Elastizitätsmodul von $E = 2.06 \cdot 10^6\,N/m^2$ eine Schallgeschwindigkeit von $w_{Schall,l} = 1437\,m/s$. Für eine reibungsfreie Strömung wäre ein Einströmdruck von $p_{ein} = 10\,306\,bar$ notwendig, um die Schallgeschwindigkeit des Wassers bei den angegebenen Bedingungen in einer Düse zu erreichen.

3.3 Strömung kompressibler Fluide

Während die Volumenänderung mit Variation des Druckes und der Temperatur bei Flüssigkeiten im allgemeinen vernachlässigt werden kann, ist bei einphasigen Gasen und Dämpfen die Kompressibilität bei Strömungsvorgängen zu berücksichtigen. Die hydrodynamischen Beziehungen der Strömungen inkompressibler Fluide reichen zur Beschreibung der Bewegungsvorgänge nicht mehr aus. Zu den Gleichungen der Fluidmechanik bedarf es auch der Gleichungen der Thermodynamik [63].
Bei einphasigen kompressiblen Strömungen treten 3 Strömungsbereiche auf, deren Abgrenzungen durch die Schallgeschwindigkeit w_{Schall} bzw. die Ma-Zahl gegeben sind.

Die Ma-Zahl stellt ein Vielfaches der Schallgeschwindigkeit w_{Schall} dar. Es liegen folgende Bereiche vor:

$Ma \leq 1$ **Unterschallbereich**, bei dem die Strömungsgeschwindigkeit w geringer ist als die Schallgeschwindigkeit w_{Schall}. Hier unterscheidet sich noch:
$Ma \leq 0.3$ inkompressibles Verhalten
$Ma \approx 0.3 \ldots 0.75$ subsonischer Bereich.

$Ma \approx 1$ **Transschall** im schallnahen Bereich, bei dem die Strömungsgeschwindigkeit w ungefähr der Schallgeschwindigkeit w_{Schall} entspricht.
$Ma \approx 0.75 \ldots 1.25$.

$Ma \geq 1$ **Überschallbereich**, bei dem die Strömungsgeschwindigkeit w höher ist als die Schallgeschwindigkeit w_{Schall}. Hier unterscheidet sich:
$Ma \approx 1.25 \ldots 5$ supersonischer Bereich
$Ma > 5$ hypersonischer Bereich

In einer Schallwelle verlaufen die geringen Druck- und Dichteänderungen adiabat. Wegen der geringen Amplituden läßt sich ein isentroper Prozeß für die Ausbreitung von Schallwellen annehmen. Unter diesen Voraussetzungen wird die Schallgeschwindigkeit w_{Schall} zu einer physikalischen Zustandsgröße des Fluids [67].

$$w_{Schall} = \sqrt{\left(\frac{\partial p}{\partial \rho_g}\right)_S} \qquad (17)$$

Für perfekte Gase mit dem konstanten Isentropenexponenten κ erhält man daraus

$$w_{Schall} = \sqrt{\frac{\kappa \cdot p}{\rho_g}} \qquad (18)$$

Für eine reibungsfreie Unterschall-Strömung in der nach Bild 17 dargestellten horizontalen thermisch isolierten Düse, ergibt sich aus dem 1. Hauptsatz der Thermodynamik

$$\Delta h = \frac{1}{2}(w_{ein}^2 - w_1^2) \qquad (19)$$

Die Enthalpiedifferenz Δh errechnet sich bei adiabater reibungsfreier Strömung mit

$$\Delta h = \int_{ein}^{1} v \, dp \, . \qquad (20)$$

Für eine vorausgesetzte Zustandsänderung bei konstanter Entropie gilt das Isentropengesetz

$$p \cdot v^{\kappa} = konst \qquad (21)$$

für den Zusammenhang zwischen dem Druck p, dem spezifischen Volumen v und dem Isentropenexponenten κ. Die Strömungsgeschwindigkeit w_1 in der Düse ergibt sich mit:

$$w_1 = \sqrt{\frac{2 \cdot \kappa}{\kappa - 1} \cdot \frac{p_{ein}}{\rho_{g,ein}} \cdot \left(1 - \left(\frac{p_1}{p_{ein}}\right)^{\frac{\kappa-1}{\kappa}}\right)} + w_{ein}^2 \qquad (22)$$

Bei der reibungsbehafteten Strömung inkompressibler Fluide wandelt ich ein Teil der Strömungsenergie als Reibungsarbeit in Wärme um. In adiabaten Strömungen (Bild 17) entsteht die Reibungswärme vollständig innerhalb des Fluids. Zur Berücksichtigung der Reibung läßt sich der Geschwindigkeitsbeiwert φ bei Berechnung der Ausströmgeschwindigkeit w_{1r} mit

$$w_{1r} = \varphi \cdot w_1 \qquad (23)$$

einbeziehen. Der Geschwindigkeitsbeiwert beträgt $0.95 \leq \varphi \leq 0.99$ [63].
Die Gleichungen (22) und (23) gelten nur solange wie $Ma \leq 1$ ist. $Ma = 1$, d. h. Schallgeschwindigkeit w_{Schall} wird erreicht, wenn das Druckverhältnis

$$\frac{p_1}{p_{ein}} = \frac{p_{krit,ES}}{p_{ein}} \qquad (24)$$

ist. Strömt ein Fluid mit Schallgeschwindigkeit, so nennt man dies auch den kritischen Strömungszustand, mit den dabei auftretenden kritischen Größen. Der in Gl. (24) aufgeführte kritische Druck $p_{krit,ES}$ der Einphasen-Strömung ist hier von dem namensgleichen kritischen Druck p_{KP} des Stoffzustandes am kritischen Punkt, bei dem Tau- und Siedeline entsprechend Bild 9 zusammentreffen, zu unterscheiden, weshalb er im weiteren als kritischer Strömungsdruck bezeichnet wird. Bei Düsen mit konstantem Stömungsquerschnitt, entsprechend den Bildern 16 und 17, tritt der kritische Strömungsdruck am Düsenende an der Stelle '1' auf. Das kritische Druckverhältnis $p_{krit,ES}/p_{ein}$ ist stoffabhängig und berechnet sich mit [44, 63]

$$\frac{p_{krit,ES}}{p_{ein}} = \left(\frac{2}{\kappa + 1}\right)^{\frac{\kappa}{\kappa-1}} \qquad (25)$$

Für Kohlendioxid als ideales Gas beträgt der Isentropenexponent $\kappa = 1.33$, womit sich das kritische Druckverhältnis für CO_2 zu $p_{krit,ES}/p_{ein} = 0.54$ berechnet.
Ist das Druckverhältis $p_U/p_{ein} \geq 0.54$, so entspannt das Fluid innerhalb der Düse bis auf Umgebungsdruck p_U. Der Strahl tritt achsparallel gerichtet aus der Düse und vermischt sich allmählich mit dem Umgebungsmedium. Ist das Druckverhältnis p_U/p_{ein} kleiner als das kritische Druckverhältnis nach Gl. (25), so entspannt das Fluid innerhalb einer Düse mit konstantem Strömungsquerschnitt nur bis auf den kritischen Strömungsdruck $p_{krit,ES}$. Am Ende der Düse herrscht dann Schallgeschwindigkeit w_{Schall},

die als maximale Strömungsgeschwindigkeit auftritt. Die restliche Entspannung bis auf Umgebungsdruck p_U findet dann explosionsartig hinter der Düse statt. Soll die Expansion in einer Düse unterhalb des kritischen Druckes $p_{krit,ES}$ geführt und die Strömungsgeschwindigkeit über die Schallgeschwindigkeit hinaus gesteigert werden, so ist der Strömungsquerschnitt entsprechend Bild 19 zu erweitern. Man bezeichnet derartig erweiterte Düsen nach dem schwedischen Erfinder auch Laval-Düsen.

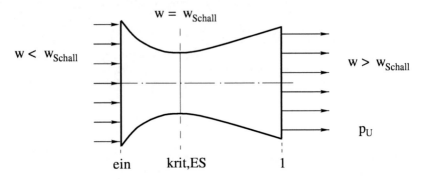

Bild 19: Strömungsquerschnitt einer Lavaldüse.

Im ersten konvergierenden Düsenabschnitt zwischen 'ein' und 'krit,ES' senkt sich der Druck auf den kritischen Strömungsdruck p_{krit} am engsten Querschnitt ab. Im engsten Querschnitt einer Strömungsapparatur kann ein Fluid nicht schneller strömen als mit seiner Schallgeschwindigkeit [68]. Bei korrekt ausgelegter Erweiterung des Strömungsquerschnittes reduziert sich der Druck an der Stelle '1' bis auf Umgebungsdruck p_U, die Strömungsgeschwindigkeit kann dort ein Vielfaches der Schallgeschwindigkeit betragen. Zur Berechnung der Strömungsgeschwindigkeit w einer korrekt ausgelegten Lavaldüse können die Gleichungen (22) und (23) entsprechend der Strömung für $Ma < 1$, ebenfalls benutzt werden. Die Berechnung des hier auftretenden kritischen Massenstromes $\dot{M}$ kann nach Gleichung (15) für den Zustand am Düsenende oder für den kritischen Zustand im engsten Düsenquerschnitt erfolgen.
Bei konstantem Druckverhältnis p_{ein}/p_U und konstantem Strömungsquerschnitt $A_{krit,ES}$ bleibt der Massenstrom $\dot{M}$ durch die Erweiterung des Düsenquerschnittes am Düsenende, gegenüber einer nicht erweiterten Düse, unverändert. Der kritische Massenstrom ist der maximal mögliche Massenstrom. Der Druck p_U hinter der Düse hat bei kritischem Ausströmen keinen Einfluß auf den ausströmenden kritischen Massenstrom. Entspricht der Austrittsdruck p_1 nicht dem Umgebungsdruck p_U, so tritt eine gestörte Strömung in der Lavaldüse auf. Nach Bild 20 treten 2 typische Fälle der gestörten Strömung auf. Bei zu großer Erweiterung des Strömungsquerschnittes löst sich das Fluid vor dem Düsenende von der Wandung ab. Es treten gerade und schräge Verdichtungsstöße auf. Die Düse wirkt als Unterschalldiffusor. Im 2. Fall einer zu geringen Querschnittserweiterung platzt der Strahl hinter der Düse auf. Die Expansion hinter der Düse unterschreitet den Umgebungsdruck p_U, anschließend schnürrt sich der Strahl wieder ein. Der Wechsel zwischen Strahlaufweitung und Einschnürung (Strahlschwin-

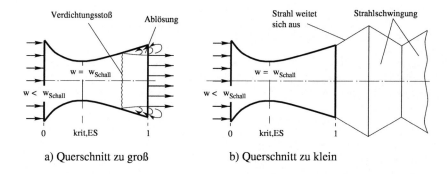

Bild 20: Betriebszustände bei falscher Querschnittserweiterung [69].

gung) klingt im weiteren Strahlverlauf ab. Für die Auslegung einer Lavaldüse ist der Zustand entsprechend Bild 19 bis auf Umgebungsdruck p_U anzustreben.

3.4 Strömung siedender Flüssigkeiten

Während der Lagerung im Tank und der Strömung in den Rohrleitungen befindet sich das Kohlendioxid im Siedezustand. Verringert sich der Druck, so verdampft ein Teil der Flüssigkeit, bis ein neues Gleichgewicht zwischen Druck und Temperatur entsteht. Betrachtet man das Druck/Enthalpie-Diagramm in Bild 9, so befindet sich die Flüssigkeit in einem Zustand auf der Siedelinie und der entstehende Dampf in dem korrespondierenden Zustand auf der Taulinie bei gleichem Druck. ES handelt sich dann um eine Zweiphasenströmung.

Beim Ausströmen siedender Flüssigkeiten aus einem Behälter hat sich gezeigt, daß ähnlich wie beim Ausströmen von einphasigen Gasen unter hohem Vordruck ein kritisches Strömungsdruckverhältnis existiert, auf das die Drucksenkung in der Düse begrenzt ist [70–73]. Ist der kritische Strömungsdruck höher als der Umgebungsdruck, so vollzieht sich die Restentspannung der Zweiphasenströmung ebenfalls in einer Nachexpansion hinter der Düse.

Zur Übertragung der kritischen Strömungszustände einphasiger Fluide auf das Strömen mehrphasiger Fluide mit Phasenwechsel erfolgten zunächst Untersuchungen über die Geschwindigkeit, mit der sich eine Schallwelle in einem zweiphasigen Fluid fortpflanzt. Diese Untersuchungen stellte man für verschiedene Stoffsysteme sowie unterschiedliche Phasenverteilungen bzw. Strömungsformen an. Man stellte fest, daß die Schallgeschwindigkeit in zweiphasigen Fluiden von der Stoffzusammensetzung, dem Dampfanteil, der Phasenverteilung, dem Schlupf zwischen Flüssigkeits- und Dampfgeschwindigkeit, der Elastizität der Phasengrenzfläche und Rohrwand, der Frequenz der Schallwellen und anderen Einflüssen abhängt [68, 74–81].

Tritt bei siedenden Flüssigkeiten ein kritisches Strömungsdruckverhältnis und die damit verbundene kritische Strömung auf, so ist der Massenstrom wie bei Gasen unabhängig vom Gegendruck p_U. Eine Änderung des Gegendruckes hinter der Düse im Bereich von $p_U \leq p \leq p_{krit}$ bewirkt keine Änderung des Massenstromes $\dot{M}$. Eine Erhöhung des Massenstromes ist dann nur durch Vergrößerung des Düsendurchmessers, durch Erhöhung der Dichte des Fluids infolge Drucksteigerung im Speicherbehälter oder mit einer Entgasung vor der Düse möglich. Derartige Gas/Flüssigkeits-Strömungen sind von außerordentlicher Kompliziertheit, so daß es trotz einer Vielzahl von wissenschaftlichen Arbeiten bisher nicht gelungen ist, Klarheit über die Bildung der Strömungs- und Phasenverteilungszustände zu gewinnen [74]. Neben wechselnder Phasenverteilung entsteht ein weiterer Schwierigkeitsgrad durch Phasenumwandlung bei auftretender Verdampfung der Flüssigkeitsphase und durch Änderung der Stoffwerte mit sinkendem Druck. Die meisten Untersuchungen zum kritischen Massenstrom von ein- oder zweikomponentigen Gas/Flüssigkeits-Strömungen dienten dem Zweck der Auslegung von Sicherheitsorganen für Druckbehälter, Dampferzeuger und flüssigmetallgekühlte Kernreaktoren [82].

Elias und Lellouche [82] geben eine umfassende Zusammenstellung zahlreicher Strömungsmodelle an, die sich grundsätzlich einteilen lassen in

- thermodynamische Nicht-Gleichgewichtsmodelle und

- thermodynamische Gleichgewichtsmodelle.

Bei thermodynamischen Nicht-Gleichgewichtsmodellen liegt bei Nguyen [74] der Ansatz zugrunde, daß kein Stofftransport zwischen den beiden Phasen stattfindet. Sie eignen sich besonders für mehrkomponentige Systeme wie z.B. Wasser-Luft. Es liegen jedoch auch Modelle vor, die einen Massenaustausch berücksichtigen, aber kein vollständiges Gleichgewicht der Phasen zulassen. Derartige Modelle versuchen beispielsweise eine Überhitzung der Flüssigkeit zu berücksichtigen [82–84].

Bei Gleichgewichtsmodellen bestehen die Randbedingungen, daß Druck und Temperatur der Gas- und Flüssigphase über dem Strömungsquerschnitt gleich sind und sich ein Stoffaustausch entsprechend dem thermodynamischen Gleichgewichtszustand schnell einstellt. Damit erfordert jede Druckänderung einen sehr schnellen Wärme-, Stoff- und Impulsaustausch zwischen beiden Phasen. Gleichgewichtsmodelle entsprechen besonders bei einkomponentigen Systemen näherungsweise den realen Vorgängen.

Homogene Gleichgewichtsmodelle basieren auf einer Weiterentwicklung von einphasigen Strömungen, wobei die wesentliche Änderung für die Zweiphasenströmung darin besteht, daß die Dichte und die Enthalpie durch mittlere Werte der Zweiphasenmischung ersetzt werden. Als Strömungsform geht man dabei von turbulenten Strömungen aus, in denen die beiden Phasen ideal durchmischt und mit gleicher Geschwindigkeit strömen [85]. Bei Dampf-Flüssigkeits-Strömungen, in der nach Bild 16 und Bild 17 dargestellten Düse, kann im Einschnürbereich und dem anschließenden Strömungskanal von einer intensiven Phasendurchmischung und einheitlicher Geschwindigkeit ausgegangen werden [65].

Bei allen Modellen und Untersuchungen wird angenommen, daß der kritische Strömungszustand zylindrischer Düsen an der Düsenmündung auftritt. Aus später in Kapitel 4.7 aufgeführten Temperaturmessungen im hinteren Düsenkanal und im CO_2-Strahl hinter der Düse zeigt sich jedoch, daß der kritische Strömungszustand nicht wie üblicherweise angenommen am Düsenende, sondern bereits im Düsenkanal auftritt.

Deshalb wird davon ausgegangen, daß am Düsenende unterschiedliche Strömungsgeschwindigkeiten mit Schlupf zwischen der Flüssig- und Gasphase auftritt und das homogene Strömungsmodell nach Bild 21 ab dem kritischen Strömungszustand in der Düse mit einem heterogenen Zweifluidmodell für Nebelströmung erweitert werden muß.

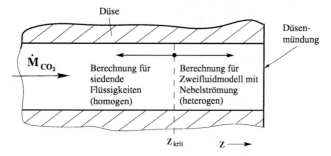

Bild 21: Strömungsmodelle der Fluidbewegung in der Düse.

3.5 Homogenes Strömungsmodell

Um den kritischen Druck p_{krit} mit dem homogenen Strömungsmodell an der Stelle z_{krit} einer zylindrischen Düse bei der Durchströmung mit siedendem Kohlendioxid zu bestimmen, gibt die nachfolgende Betrachtung Aufschluß zu der Übertragbarkeit der Berechnungen aus dem Bereich der Einphasen-Gasströmung auf die Zweiphasenströmung siedender Flüssigkeiten.

Die Beziehungen der Gl. (17) bis (19) gelten sowohl für einphasigen Dampf als auch für Flüssigkeits/Dampf-Gemische im thermodynamischen Gleichgewicht. Es ist dabei jedoch zu beachten, daß der Isentropenexponent κ für ein zweiphasiges Gemisch weder dem konstanten Isentropenexponenten κ eines perfekten Gases entspricht, noch im gesamten Naßdampfgebiet einen konstanten Wert darstellt. Das Temperatur/Entropie-Diagramm in Bild 22 zeigt Kurven konstantem Isentropenexponenten beispielhaft für Wasser. Der Isentropenexponent ist eine Funktion der Temperatur, des Druckes und des Dampfgehaltes

$$\kappa = \kappa(T, p, x) \qquad (26)$$

Wird bei einer Zustandsänderung eine Phasengrenze überschritten, so ändert sich der Isentropenexponent κ sprunghaft und die Integration der Gleichung (20) ist dann in zwei Schritten durchzuführen [86]. Bei homogenen Phasenverteilungen wird sich eine dem Gemisch entsprechende mittlere Strömungsgeschwindigkeit einstellen. Bei Phasenseparation liegen in jeder Phase unterschiedliche Geschwindigkeiten entsprechend ihren Zuständen auf der Tau- und Siedelinie vor. Um mit den Zustandsgrößen der Mischung im Naßdampfgebiet rechnen zu können, muß sich Dampf und Flüssigkeit im Gleichgewicht befinden und eine homogene Strömung mit idealer Phasendurchmischung bei gleicher Geschwindigkeit vorliegen.

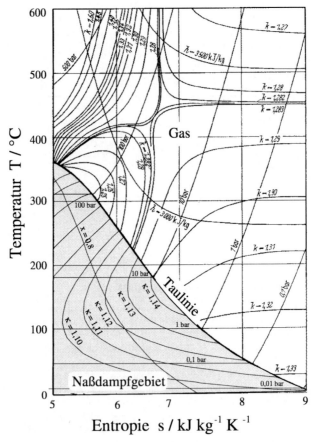

Bild 22: Isentropenexponent κ im T,s- Diagramm von Wasser, mit einem Teil des Naßdampfgebietes (unterhalb der Taulinie) [67].

Für eine Zustandsänderung innerhalb des Naßdampfgebietes erfordert die exakte Berechnung des Isentropenexponenten κ die Existenz der entsprechenden thermodynamischen Gleichung. Da eine solche Gleichung hier nicht vorliegt, soll zur Berechnung des kritischen Strömungsdruckes bei der CO_2- Entspannung ein mittlerer Isentropenexponent $\bar{\kappa}$ zwischen dem Ausgangszustand '0' (Bild 16 und 17) und dem kritischen Zustand 'krit' am Düsenende berechnet werden.

Der Isentropenexponent κ ergibt sich aus der Bestimmungsgleichung

$$\kappa \equiv -\frac{v}{p}\left(\frac{\partial p}{\partial v}\right)_S \tag{27}$$

in Abhängigkeit des spezifischen Volumens v und des herrschenden Druckes p. Nach Trennung der Variablen und Integration der Bestimmungsgleichung (27) vom Ausgangszustand '0' bis zum kritischen Zustand 'krit' ergibt sich die Gleichung:

$$\bar{\kappa} = \frac{ln(p_0/p_{krit})}{ln(v_{krit}/v_0)} \qquad (28)$$

Da der kritische Strömungsdruck p_{krit} und das kritische Volumen v_{krit} noch nicht bekannt sind, kann hier nur eine Iteration zur Lösung führen. Zur Berechnung des kritischen Strömungsdruckes bei der Flüssigkeitsentspannung unter teilweiser Verdampfung gibt Schultze [73] ein mittleres kritisches Strömungsdruckverhältnis $p_{krit}/p_0 \approx 0.8$ an. Das Druckverhältnis $p_{krit}/p_0 \approx 0.8$ hat sich als Mittelwert für die Entspannung unterschiedlicher siedender Flüssigkeiten ohne Dampfanteil vor dem Eintritt in die Düse herausgestellt. Schultze setzt dabei eine Strömung nach dem homogenen Gleichgewichtsmodell voraus. Das kritische Strömungsdruckverhältnis von zweiphasigen Gemischen ist damit höher als bei einphasigen idealen Gasen wie z. B. Luft mit $p_{L,krit}/p_{L,0} = 0.528$, überhitztem Wasserdampf mit $p_{W,krit}/p_{W,0} = 0.54$ oder Helium mit $p_{H,krit}/p_{H,0} = 0.49$. Die Berechnung des mittleren Isentropenexponenten $\bar{\kappa}$ nach Gl. (28) beginnt also mit dem kritischen Strömungsdruck von:

$$p_{krit,1} = 0.8 \cdot p_0 \qquad (29)$$

Bei den Drücken p_0 und p_{krit} sind dann die aus Dampfanteil und Flüssigkeitsanteil mittleren spezifischen Volumina $\bar{v}_0$ und $\bar{v}_{krit}$ zu berechnen. Unter der Annahme homogener Gleichgewichtszustände gilt:

$$\bar{v} = (1 - \dot{x}) \cdot v' + \dot{x} \cdot v'' \qquad (30)$$

Das spezifische Volumen auf der Siedelinie v' und der Taulinie v'' ist bei dem jeweils vorliegenden Druck einzusetzen. Der Massenanteil $\dot{x}$ des Dampfes läßt sich aus dem Hebelgesetz der Phasenmengen berechnen. Mit der spezifischen Entropie s gilt:

$$\dot{x} = \frac{s - s'}{s'' - s'} \qquad (31)$$

Da nun alle Größen zur Berechnung des mittleren Isentropenexponenten $\bar{\kappa}$ vorliegen, kann dieser mit Gl. (28) berechnet werden. Mit Einsetzen des so ermittelten Isentropenexponenten in Gl. (25) läßt sich ein neuer kritischer Strömungsdruck berechnen, der dem tatsächlichen Wert näher liegt als der mit Gl. (29) berechnete. Dieser Rechengang ist solange zu wiederholen, bis die Abweichung zweier Iterationsschritte akzeptabel gering ist [87].

Die Anwendung der Gleichungen (25) bis (31) setzt die Kenntnis der spezifischen Volumina und der spezifischen Entropie sowie des Düseneingangsdruckes und des Dampfanteils am Düsenanfang voraus. Bei den spezifischen Volumina v' und v'' sowie der spezifischen Entropie s' und s'' handelt es sich um temperatur- bzw. druckabhängige Zustandsgrößen, die auf der Tau- und Siedelinie z. B. nach [34] bekannt sind. Die Zustandsgrößen p_0 und $\dot{x}$ sind dagegen von den Anfangsbedingungen und von Anlageparametern abhängig, was sich anhand der gegebenen Anlage nach Bild 16 erklären läßt.

Im Tank ist der CO_2-Zustand durch die Druck- und Temperaturmessung bekannt. Während der Strömung durch die Rohrleitung gelangt ein nach Kapitel 3.1 berechneter Wärmestrom von $\dot{q} = 4.5\,W/m$ in das Fluid und verdampft einen Teil des flüssigen Kohlendioxids, wobei ein Dampfanteil $\dot{x}_{\dot{q}}$ nach Gl. (6) entsteht. Ein weiterer Dampfanteil entsteht aus dem strömungsbedingt unvermeidbaren Druckverlust und einer geodätischen Höhendifferenz zwischen Düse und Tank. Der durch diese Druckabnahme auftretende Dampfanteil $\dot{x}_{(\Delta p)}$ läßt sich über die Messung des Einströmdruckes p_{ein} vor der Düse mit

$$\dot{x}_{(\Delta p)} = \frac{h'_T - h'_{p_{ein}}}{h''_{p_{ein}} - h'_{p_{ein}}} \tag{32}$$

berechnen, womit sich ein Dampfanteil $\dot{x}_{ein}$ von

$$\dot{x}_{ein} = \dot{x}_{(\dot{q})} + \dot{x}_{(\Delta p)} \tag{33}$$

ergibt und der CO_2-Zustand bei Einströmen in die Düse bestimmbar ist.
Der Übergangsdruckverlust $\Delta p_{\ddot{U}berg}$ im Einschnürbereich des Strömungsquerschnittes in der Düse berechnet sich nach Gl. (10) und (11), was die Berechnung des Druckes p_0 mit

$$p_0 = p_{ein} - \Delta p_{\ddot{U}berg} \tag{34}$$

und die Berechnung des Gesamtdampfgehaltes $\dot{x}_0$ zu Beginn der Strömungsstrecke an der Stelle '0' in der Düse mit

$$x_0 = \frac{h'_T + \dot{Q}/\dot{M} - h'_{p_0}}{h''_{p_0} - h'_{p_0}} \tag{35}$$

ermöglicht. Die Zustandsgrößen v', v'', s' und s'' können [34] entnommen werden.
Für die in Bild 16 dargestellte Strömung soll die Zustandsänderung von der Stelle '0' bis zum kritischen Zustand 'krit' mit dem dargestellten homogenen Strömungsmodell beschrieben werden. Für die Expansion vom CO_2-Zustand im Tank bis zum Zustand '0' vor der Düse wird ein Entspannungsverlauf bei konstanter Enthalpie angenommen, vom Zustand '0' bis zum kritischen Zustand erfolgt die Berechnung dann für einen Entspannungsverlauf bei konstanter Entropie. Für diese Annahmen ist in Tabelle 4 eine Beispielrechnung des kritischen Massenstromes für die in Bild 25 dargestellte Versuchsanlage bei dem Tankdruck von $p_T = 18\,bar$, dem Düseneingangsdruck $p_{ein} = 16\,bar$ und dem Düsendurchmesser $D_N = 1.8\,mm$ aufgeführt.
Die Anwendbarkeit der Rechnung wird mit Messungen des auftretenden Massenstromes im Kapitel 4 für 4 Tankdrücke und unterschiedliche Düseneinlaufdrücke überprüft. Statt des absoluten Massenstromes $\dot{M}_{krit}$ wird der flächenbezogene Massenstrom oder auch die Massenstromdichte $\dot{m}_{krit}$ betrachtet. Dieser berechnet sich für eine Düse mit dem zylinderförmigen Strömungsquerschnitt $A = D_D^2 \cdot \pi/4$ nach folgender Gleichung:

$$\dot{m}_{krit} = \sqrt{\frac{\bar{\kappa} \cdot p_{krit}}{\bar{v}_{krit}}} \tag{36}$$

mit $\bar{\kappa}$, p_{krit}, $\bar{v}_{krit}$ nach den Gleichungen (25) bis (31). Die Ergebnisse der Massenstrommessungen und der Berechnungen sind in den Bildern 29 bis 32 dargestellt.

Tabelle 4: Beispielrechnung zur Bestimmung des kritischen Massenstromes $\dot{m}_{krit}$ nach dem homogenen Strömungsmodell

---

Vorgaben: $\quad p_T = 18\,bar; \quad p_{ein} = 16\,bar; \quad D_D = 1.8\,mm$

Wärmestrom: $\quad \dot{Q} = \dot{q}_{18} \cdot L_R = 4.5\,J/s\,m \cdot 25.5\,m = 114.75\,J/s$

1. Näherung
kritischer Strömungsdruck (29): $\quad p_{krit}^{(0)} = 0,8 \cdot 16\,bar = 12,8\,bar$

1. Iteration
Der Dampfgehalt $\dot{x}_{(\dot{q})}$ (Gl. (6)) infolge Wärmestrom läßt sich noch nicht berechnen, da der Massenstrom $\dot{M}$ noch nicht bekannt ist.
Dampfgehalt infolge Leitungsdruckverlust (32): $\quad \dot{x}_{(\Delta p)} = 0.0257$
Gesamt-Dampfgehalt (33): $\quad \dot{x}_{ein} = 0.0257$

Bei der 1. Iteration läßt sich $\dot{x}_0$ noch nicht bestimmen, da für $\Delta p_{\ddot{U}berg}$ (10), der Massenstrom $\dot{M}$ noch nicht bekannt ist.

kritischer-Dampfgehalt (31): $\quad \dot{x}_{krit}^{(1)} = 0.070,\quad$ mit: $s = s_{ein}$
spez. Volumen (30): $\quad \bar{v}_{ein} = 1.53 \cdot 10^{-3}\,m^3/kg \quad \bar{v}_{krit}^{(1)} = 2.97 \cdot 10^{-3}\,m^3/kg$
Isentropenexponent (28): $\quad \bar{\kappa}^{(1)} = 0.339$
kritischer Strömungsdruck (25): $\quad p_{krit}^{(1)} = 13.0\,bar$
spezifischer Massenstrom (36): $\quad \dot{m} = 43.9\,kg/mm^2 h$

2. Iteration
Massenstrom: $\quad \dot{M} = \dot{m} \cdot A_D = 0.031\,kg/s$
Übergangsdruckverlust (10): $\quad \Delta p_{\ddot{U}berg} = 0.46\,bar$
Druck (34): $\quad p_0 = 15.54\,bar$
Dampfgehalt (35): $\quad \dot{x}_0 = 0.026$
Kritischer-Dampfgehalt (31): $\quad \dot{x}_{krit}^{(2)} = 0.078 \quad$ mit: $s = s_0$
spez. Volumen (30): $\quad \bar{v}_0 = 2.01 \cdot 10^{-3}\,m^3/kg \quad \bar{v}_{krit}^{(2)} = 3.15 \cdot 10^{-3}\,m^3/kg$
Isentropenexponent (28): $\quad \bar{\kappa}^{(2)} = 0.391$
kritischer Strömungsdruck (25): $\quad p_{krit}^{(2)} = 12.3\,bar \quad$ mit: $p_{ein} = p_0$
spezifischer Massenstrom (36): $\quad \dot{m} = 44.5\,kg/mm^2 h$

weitere Iterationen:
$\quad\quad\quad\quad\quad\quad\quad\quad\quad\quad\vdots$
bis: $|p_{krit}^{(n+1)} - p_{krit}^{(n)}| \leq 0.01\,bar \quad$ **ergibt:**

$\dot{x}_0 = 0.046 \quad\quad\quad\quad\quad \dot{x}_{krit} = 0.09$
$\bar{v}_0 = 2.04 \cdot 10^{-3}\,m^3/kg \quad \bar{v}_{krit} = 3.69 \cdot 10^{-3}\,m^3/kg$
$\bar{\kappa} = 0.41 \quad\quad\quad\quad\quad\quad p_{krit} = 12.2\,bar$
$\dot{m} = 41.7\,kg/mm^2 h$

3.6 Zweifluid - Modell

Nach Bild 21 soll die Strömung für den hinteren Bereich der Düse durch ein Zweifluidmodell bei getrennter Gas- und Flüssigphase beschrieben werden. Als Strömungsform wird ab der Stelle $z > z_{krit}$ eine Nebelströmung angenommen. An der Stelle z_{krit} strömen noch beide Phasen mit der für siedende Flüssigkeiten berechneten kritischen Geschwindigkeit w_{krit}, wobei die zugehörigen kritischen Zustandsgrößen vorliegen. Die Größe der im Gas befindlichen Flüssigkeitstropfen entsteht aus dem Gleichgewicht zwischen Kapillar- und Scherkraft entsprechend folgender Gleichung nach Brauer [88]:

$$d_{T,max} = \frac{8}{c_w} \cdot \frac{\sigma}{w_r^2 \cdot \rho_g} \qquad (37)$$

Das Aufstellen der Bewegungsgleichung für die Gasphase erfolgt an dem in Bild 23 dargestellten, differentiellen Strömungsabschnitt in einer Düse. Die abnehmende Flüssig-

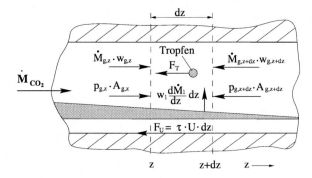

Bild 23: Kräftegleichgewicht in der Gasphase.

phase ist dabei zusammenfassend im unteren Rohrteil und die Wirkung der eigentlichen Tropfen auf die Gasphase exemplarisch an einem Tropfen darüber eingezeichnet.
Als Kräftegleichgewicht der Gasphase ergibt sich für das in Bild 23 dargestellte Rohrelement:

$$0 = \underbrace{p_{g,z} \cdot A_{g,z} - p_{g,z+dz} \cdot A_{g,z+dz}}_{\text{Druckkraft}} + \underbrace{\dot{M}_{g,z} \cdot w_{g,z} - \dot{M}_{g,z+dz} \cdot w_{g,z+dz}}_{\text{Beschleunigung}}$$

$$+ \underbrace{w_{l,z} \cdot \frac{d\dot{M}_l}{dz} \cdot dz}_{\substack{\text{Impuls aus} \\ \text{Verdampfung}}} - \underbrace{\tau \cdot U \cdot dz}_{\text{Reibkraft}} - \underbrace{(N_z - N_{z+dz}) \cdot F_T}_{\substack{\text{Widerstand} \\ \text{der Tropfen}}} \qquad (38)$$

Mit

$$Y_{z+dz} = Y_z + \frac{dY}{dz} \cdot dz \quad \text{und} \quad \frac{m \cdot w}{t} = \rho \cdot w \cdot \dot{V}$$

folgt:

$$0 = -p_g \cdot \frac{dA_g}{dz} \cdot dz - A_g \cdot \frac{dp_g}{dz} \cdot dz - w_g \cdot \frac{d(\rho_g \cdot \dot{V}_g)}{dz} \cdot dz - \rho_g \cdot \dot{V}_g \cdot \frac{dw_g}{dz} \cdot dz$$
$$+ w_l \cdot \frac{d\dot{M}_l}{dz} \cdot dz - \tau \cdot U \cdot dz - F_T \cdot \frac{dN_z}{dz} \cdot dz \qquad (39)$$

Mit dem Anströmquerschnitt eines Tropfens

$$A_T = \frac{3}{2} \cdot \frac{V_T}{d_T} \qquad (40)$$

und der Tropfengröße nach Gl. (37) berechnet sich die Widerstandskraft F_T zu

$$F_T = \frac{3}{32} \cdot c_w^2 \cdot \rho_g^2 \cdot \frac{w_r^4}{\sigma} \cdot V_T \qquad (41)$$

Für die Reibkraft gilt

$$\tau \cdot U \cdot dz = \lambda \cdot \frac{\rho_g}{2} \cdot w_g^2 \cdot \frac{A_g}{D_{h,g}} \cdot dz \qquad (42)$$

mit

$$A_g = \frac{D_{h,g}^2 \cdot \pi}{4} \quad \text{und} \quad D_{h,g} = \sqrt{\frac{4 \cdot \dot{V}_g}{\pi \cdot w_g}} \qquad (43)$$

folgt

$$\tau \cdot U \cdot dz = \lambda \cdot \frac{\rho_g}{4} \cdot w_g^{1,5} \cdot \sqrt{\dot{V}_g \cdot \pi} \cdot dz \qquad (44)$$

eingesetzt in Gl. (39), erweitert mit

$$\frac{A_g}{A_g \cdot \rho_g \cdot \dot{V}_g \cdot dz} \qquad (45)$$

und ersetzen von

$$A_g = \frac{\dot{V}_g}{w_g} \quad \text{sowie} \quad A_l = \frac{\dot{V}_l}{w_l} \qquad (46)$$

ergibt:

$$\frac{dw_g}{dz} = \frac{1}{\rho_g \cdot w_g} \cdot \left(-p_g \cdot \frac{d\frac{\dot{V_g}}{w_g}}{dz} \cdot \frac{w_g}{\dot{V_g}} - \frac{dp_g}{dz} - (w_g - w_l) \cdot \frac{w_g}{\dot{V_g}} \cdot \frac{d(\rho_g \cdot \dot{V_g})}{dz} \right.$$
$$\left. - \lambda \cdot \frac{1}{4} \cdot \rho_g \cdot w_g^{2.5} \cdot \sqrt{\frac{\pi}{\dot{V_g}}} - \frac{3}{32} \cdot c_w^2 \cdot \rho_g^2 \cdot \frac{w_r^4}{\sigma} \cdot \frac{\dot{V_l} \cdot w_g}{w_l \cdot \dot{V_g}} \right) \quad (47)$$

Unter Anwendung des Kontinuitätssatzes

$$\dot{M} = \dot{M_g} + \dot{M_l} = x \cdot \dot{M}_{ges} + (1-x) \cdot \dot{M}_{ges} \quad (48)$$

dem Einsetzen von

$$p_g \cdot \frac{d\frac{\dot{V_g}}{w_g}}{dz} \cdot \frac{w_g}{\dot{V_g}} = p_g \cdot \frac{w_g}{\dot{V_g}} \cdot \left(\frac{1}{w_g} \frac{d\dot{V_g}}{dz} - \frac{\dot{V_g}}{w_g^2} \frac{dw_g}{dz} \right) \quad (49)$$

und

$$\frac{d(\rho_g \dot{V_g})}{dz} = \frac{d\dot{M_g}}{dz} = \dot{M}_{ges} \frac{dx}{dz} = \dot{M}_{ges} \frac{dx}{dp} \frac{dp}{dz} \quad (50)$$

sowie

$$\frac{d\dot{V_g}}{dz} \frac{dp}{dp} = \dot{M}_{ges} \frac{d(\frac{x}{\rho_g})}{dp} \frac{dp}{dz} = \dot{M}_{ges} \cdot \left(\frac{1}{\rho_g} \frac{dx}{dp} - \frac{x}{\rho_g^2} \frac{d\rho_g}{dp} \right) \frac{dp}{dz} \quad (51)$$

führt zur Differentialgleichung der Gasphase:

$$\frac{dw_g}{dz} = \frac{w_g}{\rho_g \cdot w_g^2 - p} \cdot \left\{ -\frac{dp}{dz} \right.$$
$$- \frac{dp}{\dot{V_g}} \cdot \dot{M}_{ges} \cdot \left(\frac{1}{\rho_g} \frac{dx}{dp} - \frac{x}{\rho_g^2} \frac{d\rho_g}{dp} \right) \cdot \frac{dp}{dz}$$
$$- \left(w_g - w_l \right) \cdot \frac{w_g}{\dot{V_g}} l \cdot \dot{M}_{ges} \cdot \frac{dx}{dp} \frac{dp}{dz} \quad (52)$$
$$- \lambda \cdot \frac{1}{4} \cdot \rho_g \cdot w_g^{2.5} \cdot \sqrt{\frac{\pi}{\dot{V_g}}}$$
$$\left. - \frac{3}{32} \cdot c_w^2 \cdot \rho_g^2 \cdot \frac{(w_g - w_l)^4}{\sigma} \cdot \frac{\dot{V_l} \cdot w_g}{w_l \cdot \dot{V_g}} \right\}$$

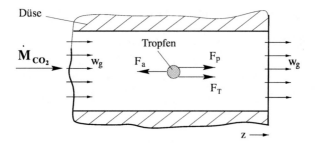

Bild 24: Kräftegleichgewicht an einem Tropfen der Flüssigkeitsströmung.

Das Kräftegleichgewicht für das flüssige Kohlendioxid ist in Bild 24 an einem Tropfen dargestellt. Es gilt:

$$F_p + F_T - F_a = 0 \tag{53}$$

Mit der Druckkraft F_p

$$F_p = -\frac{dp_l}{dz} \cdot V_l \tag{54}$$

und der Widerstandskraft F_T nach Gl. (41) sowie der Trägheitskraft F_a

$$F_a = M_l \cdot \ddot{z} = \rho_l \cdot V_l \cdot \dot{w}_l = \rho_l \cdot V_l \cdot \frac{dw_l}{dz} \cdot w_l \tag{55}$$

erhält man die Differentialgleichung für die Flüssigkeit.

$$\frac{dw_l}{dz} = \frac{1}{\rho_l \cdot w_l} \cdot \left(-\frac{dp}{dz} + \frac{3}{32} \cdot c_w^2 \cdot \rho_g^2 \cdot \frac{(w_g - w_l)^4}{\sigma} \right) \tag{56}$$

Die Differentialgleichungen (52) und (56) sind durch die Relativgeschwindigkeit w_r

$$w_r = w_g - w_l \tag{57}$$

miteinander gekoppelt.

Mit der späteren Messung des Temperaturverlaufs $T(z)$ im Kapitel 4.7 ist der Ort des kritischen Strömungszustandes im hinteren Düsenbereich bestimmbar. Die Differentialgleichungen (52) und (56) lassen sich mit der Kopplungsgleichung (57) numerisch lösen, indem die Stoff- und Zustandsgrößen in Abhängigkeit des berechneten Druckverlaufs $p(z)$ eingesetzt werden. Als Ergebnis wird der Verlauf der Gas- und Flüssigkeitsgeschwindigkeit sowie die Tropfengröße im hinteren Bereich des Düsenkanals über dem Strömungsweg gezeigt.

In Kapitel 4 erfolgt jedoch zunächst die Überprüfung des homogenen Strömungsmodells für den vorderen Düsenkanal.

4 Strömungsversuche und Dosierventilentwicklung

4.1 Kritischer CO_2 - Massenstrom

Zur Überprüfung der Anwendbarkeit des homogenen Strömungsmodells bei auftretendem kritischen Strömungsverhalten erfolgt die experimentelle Untersuchung des CO_2 - Massenstromes mit der in Bild 25 dargestellten Versuchsanlage. Sie besteht aus einem

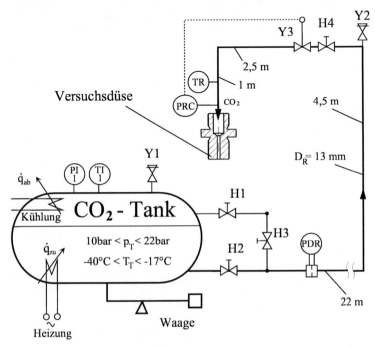

Bild 25: Versuchsanlage zur Ermittlung des kritischen CO_2 - Massenstromes.

kühl- und heizbarem CO_2 - Tank mit einem maximalen Speicherinhalt von 2.5 t. Die Kugelhähne H 1 bis H 3 dienen als Absperrorgane und zur Leitungsvorspannung mit CO_2 - Gas entsprechend der Beschreibung zu Bild 7 für den Betrieb eines Linearfrosters. Zur Ermittlung des CO_2 - Massenstromes befindet sich in der CO_2 - Flüssigkeitsleitung direkt am Tank ein Differenzdruckmessgerät (PDR). Die unmittelbare Nähe zum Tank ist notwendig, um den Dampfanteil $\dot{x}$ für die Messung möglichst gering zu halten. Die Massenstrom - Messung erfolgt weit vor der Düse, wodurch der eigentliche Expansionsvorgang in der Düse unbeeinflußt bleibt. Die mit einer 34 mm dicken Isolierung aus Armaflex umgebene Rohrleitung und einem Innendurchmesser von $D_R = 13\,mm$ führt vom Tank zunächst über eine 22 m lange horizontale Strecke und dann in das um 4.5 m höher gelegene Labor, wo die CO_2 - Entspannung mit den Versuchsdüsen stattfindet.

Im Labor liegt eine horizontale Strömungsstrecke von 2.5 m und eine Falleitung von 1 m vor. Analoge Verhältnisse sind durchaus praxisgerecht. Der Kugelhahn H 4 dient der Absperrung vor Ort. Zur Einstellung des gewünschten Vordruckes befindet sich in der Rohrleitung vor der Düse ein elektrisches Stellventil Y3 als Drossel, welches über das Druckregelsystem PRC gesteuert wird. Der Temperatursensor TR erfaßt die Temperatur T_{ein} vor der Düse.
Die experimentelle Untersuchung des CO_2-Massenstromes erfolgt mit den in Bild 26 dargestellten Messingdüsen D 12, D 18 und D 24 mit zylindrischem Strömungsquer-

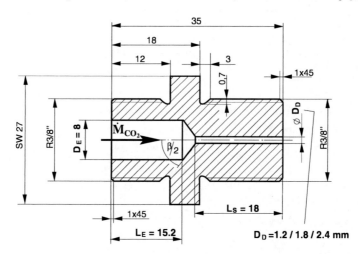

Bild 26: Versuchsdüsen zur Bestimmung des kritischen CO_2-Massenstromes. Düsennennweite: $D_D = 1.2/1.8/2.4$ mm.

schnitt der Nennweiten $D_D = 1.2/1.8/2.4$ mm. Der Bereich von $1,2\, mm \leq D_D \leq 2,4\, mm$ ist üblich für Düsendurchmesser bei CO_2-Anwendungen. Die Länge des Strömungskanals beträgt $L_S = 18\, mm$. Bei dieser Strömungslänge kann nach Bild 18 davon ausgegangen werden, daß die Strömungseinschnürung an der Verengung abgeklungen ist. Um eine gute Maßhaltigkeit des Ausströmquerschnittes zu gewährleisten, erfolgte die Fertigung des Strömungskanals nach dem Drahterodierverfahren. In Tabelle 5 sind die realen Düsendurchmesser und die sich daraus ergebenden Strömungsquerschnitte eingetragen. Die tatsächlichen Strömungsquerschnitte wurden optisch ermittelt [89].

Neben der hohen Maßhaltigkeit bietet die Fertigung mit dem Drahterodierverfahren den Vorteil, sehr glatter Oberflächen. Eine ebenfalls optische Kontrolle zeigt, daß im zylindrischen Strömungskanal kein Grad oder Riefen, wie sie beim Bohren entstehen können, vorhanden sind.
In der Einströmzone der Düsen beträgt der Durchmesser $D_E = 8\, mm$ bei einer Länge von $L_E = 15.2\, mm$. Der Einströmquerschnitt ist damit je nach Düse um Faktor 44/20/11 größer als der Nennquerschnitt. Die Querschnittsreduzierung erfolgt mit ei-

Tabelle 5: Abmessungen der Düsenströmungskanäle

Bezeichnung	D_{Ist} mm	A_{Ist} mm^2
D 12	1.206	1.143
D 18	1.804	2.556
D 24	2.402	4.531

nem Winkel von $\beta = 118°$, der dem Spitzenwinkel eines Spiralbohrers entspricht. Die Querschnittsreduzierung von der Einlaufzone in den Strömungskanal ist mit einem scharfkantigen Übergang zu vergleichen. Der Ausströmbereich am Düsenende ist ebenfalls scharfkantig und endet als freier Querschnitt.
Einströmseitig wird die Düse mit einem 3/8" Gewinde an eine Zuleitung angeschlossen, abströmseitig ist ebenfalls ein 3/8" Gewinde zur Aufnahme in einer Halterung vorhanden.

4.2 Meß- und Regelungstechnik zum CO_2 - Massenstrom

Im Bild 27 ist die Meßkette zur Erfassung von Durchfluß, Druck und Temperatur dargestellt. Ein Wandler des Types *Netpac* der Fa. Acurex Autodata, Le Chesnay, Frankreich, setzt die teilweise verstärkten, elektrischen, analogen Signale der Sensoren in digitale Signale um. Über einen Schnittstellenwandler (RS 422 $\longrightarrow$ RS 232) gelangen die Daten zu einen Personal Computer, mit dem sie sich in ihre physikalische Größe umrechnen und speichern lassen.

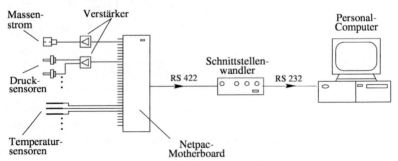

Bild 27: Schematische Darstellung der Meßwerterfassung.

4.2.1 Durchflußmessung

Bei dem am Anfang der Verbindungsleitung installierten Durchflußmeßgerät (Typ: CDL 06-7-40 AL) der Fa. Flow Instruments, Solingen, liegt eine Messung der dynamischen Druckdifferenz (PDRC) zugrunde. Die Druckmessung findet nach Bild 28 an einem verengten und an einem nicht verengten Strömungsquerschnitt statt. Das flüssige CO_2 strömt von links in die Apparatur ein, passiert zunächst die Druckmeßstelle

p_a bei vollem Strömungsquerschnitt und dann die Meßstelle p_r bei reduziertem Querschnitt. An der Meßbereichseinstellung läßt sich die Querschnittsreduzierung am Spalt mit dem Zapfen einstellen.

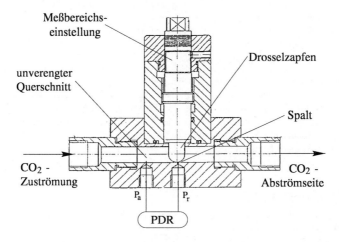

Bild 28: Querschnitt der Meßstelle zur CO_2-Durchflußmessung [90].

Um einen Strömungsabriß zu vermeiden, ist die Verengung als abgerundete Querschnittsreduzierung ausgeführt. Die auftretende Druckdifferenz verändert die Kapazität eines Differentialkondensators, womit ein elektrisches Meßsignal entsteht. Eine Elektronik überführt das Signal in den zugehörigen Durchflußwert [90]. Die Durchflußmessungen erfolgen in den beiden Meßbereichen $30\,kg/h \leq \dot{M}_{CO_2} \leq 150\,kg/h$ und $70\,kg/h \leq \dot{M}_{CO_2} \leq 350\,kg/h$. Die Meßbereichserweiterung erreicht man durch Vergrößern des Abstandes an der Drosselstelle von 1 mm auf 2 mm. Eine Kalibrierung der gesamten Meßkette mit der Tankwaage zeigt in beiden Meßbereichen lineare Durchfluß-Spannungs-Charakteristiken mit einer Abweichung um weniger als 2 % [89].

4.2.2 Druckmessung

Zur Druckmessung werden Miniaturdruckaufnehmer des Types CT-190 M/SG der Fa. Kulite, Hofheim/Taunus, benutzt. Eine Siliziummembran mit aktiver Vollbrücke bildet den sensitiven Teil der Druckaufnehmer. Infolge zunehmender Membrandurchbiegung läßt sich eine elektrische Spannungsänderung feststellen. Nach einer Kalibrierung der Druckaufnehmer ergibt sich ein linearer Zusammenhang zwischen der Meßspannung U und dem Druck p. Laut Herstellerangaben ist der Einsatz und die Linearität der Druckaufnehmer in einem Temperaturbereich von $-196\,°C \leq T \leq +37\,°C$ gewährleistet [91]. Eine Kalibrierung der verwendeten Druckaufnehmer zeigt, daß im Temperaturbereich von $-50\,°C \leq T \leq +20\,°C$ eine Genauigkeit von $\pm 0.1\,bar$ der gesamten Meßkette mit Sensor, Verstärker und Wandler nach Bild 27 vorliegt [92].

4.2.3 Temperaturmessung

Die Temperaturmessungen werden mit Thermocoax - Mantelthermoelementen der Fa. Philips GmbH, Kassel, durchgeführt. Die verwendete Legierungspaarung Chromel - Alumel weist die gleiche Temperatur - Spannungscharakteristik auf wie das Thermopaar NiCr - Ni [93]. Im auftretenden Temperaturbereich von $-50°C \leq T \leq +20°C$ beträgt die Genauigkeit der gesamten Messkette ±0.5 °C.

4.2.4 Stell- und Regelorgane

Neben der selbsttätigen Regelung des Kühlaggregates am CO_2 - Tank ist eine zweite Regelung zur Einstellung des Düseneingangsdruckes p_{ein} an der Versuchsanlage installiert. In der Rohrleitung befindet sich vor den Düsen ein elektrisch betriebenes Stellventil (Typ: 58 2 1 P) der Fa. Kämmer, Hamburg. Der Istwert des Düseneingangsdruckes wird mit dem oben beschriebenen Miniatur - Druckaufnehmer gemessen. Ein digitaler Regler (Typ: Digitric K) der Fa. Hartmann & Braun, Holzminden, regelt bei eingestellter PID - Charakteristik den Düseneingangsdruck p_{ein} über den Stellgrad des Ventils.

4.3 Versuchsplan

Die Messung des CO_2 - Massenstromes durch zylindrische Düsen erfolgt unter Variation der Parameter

- Tankdruck p_T,
- Düseneingangsdruck p_{ein} und
- Düsennennweite D_D.

Mit der Veränderung des Tank - und Düseneingangsdruckes ist es möglich, unterschiedliche Ausgangszustände im Naßdampfgebiet des Kohlendioxids einzustellen. Die Messungen finden bei Tankdrücken von $p_T = 10/14/18/22\,bar$ statt. Der Düseneingangsdruck p_{ein} wird bei jedem Tankdruck von dem maximal möglichen Vordruck mit einer Schrittweite von $\Delta p = 1\,bar$ bis zum minimalen Vordruck reduziert. Der maximale Düseneingangsdruck p_{max} ergibt sich aus dem eingestellten Tankdruck und dem Druckverlust in der Rohrleitung bei voll geöffnetem Stellventil. Der minimale Düseneingangsdruck $p_{ein,min}$ ist der Druck, bei dem die Düsen verstopfen.
Die Variation der Düsennennweite läßt einen möglichen Einfluß der Düsen erkennen. Es ergibt sich der Versuchsplan nach Tabelle 6, wobei die Zahlenwerte als Richtwerte

Tabelle 6: Versuchsplan zur Messung des Massenstromes $\dot{M}$.

$D_D = 1.2/1.8/2.4\,mm$	
p_T / bar	p_0 / bar
10	p_{max} , ... , 9, 8, 7, ... , p_{min}
14	p_{max} , ... , 13, 12, 11, ... , p_{min}
18	p_{max} , ... , 17, 16, 15, ... , p_{min}
22	p_{max} , ... , 19, 18, 17, ... , p_{min}

zu sehen sind, da der minimale und maximale Druck keine glatten Werte ergeben und die Mittelwerte von den Sollwerten infolge Druckschwankungen der Zweiphasenströmung abweichen. Zur Ausführung der Versuche wird zunächst die gewünschte Düse installiert und der Tankdruck eingestellt. Bei geöffneter Strömungsleitung läßt sich dann der Düseneingangsdruck regeln. Vor Beginn der Meßwertaufnahme von Durchfluß, Druck und Temperatur erfolgt eine hinreichende Abkühlung der Versuchseinrichtung von ca. 30 min für die 1. Messung und ca. 6 min vor jeder weiteren Messung, so daß stationäre Zustände während der Messung gegeben sind. Für jeden Versuch werden ca. 60 bis 100 Meßwerte registriert, deren Mittelwert einen repräsentativen Meßpunkt liefert.

4.4 Ergebnisse der CO_2 - Massenstrom - Messung

In den nachfolgenden Bildern 29 bis 32 sind die Ergebnisse der gemessenen und die nach den Gleichungen (10) bis (36) berechneten spezifischen Massenströme $\dot{m}$ in Abhängigkeit des Düseneinströmdruckes p_{ein} dargestellt.

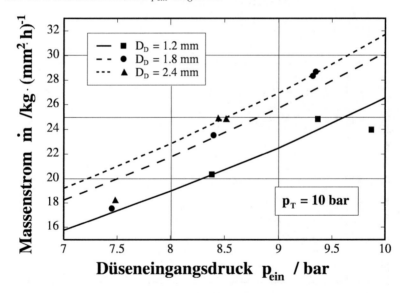

Bild 29: Kritischer Massenstrom $\dot{m} = f(p_{ein})$ bei dem Tankdruck $p_T = 10\,bar$.

Für die eingetragenen Meßpunkte fand eine Umrechnung des gemessenen absoluten Massenstromes $\dot{M}$ in den flächenspezifischen Massenstrom $\dot{m}$ nach Gleichung (36) statt. Mit den unterschiedlichen Tankdrücken der Bilder 29 bis 32 ändert sich auch die CO_2 - Gleichgewichts - Temperatur, was zu verändertem Wärmetransport und CO_2 - Dampf-

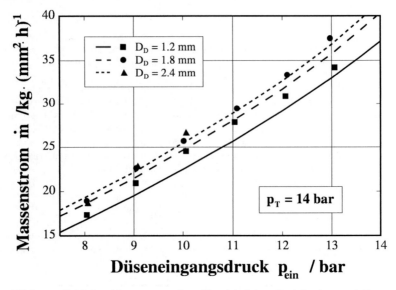

Bild 30: Kritischer Massenstrom $\dot{m} = f(p_{ein})$ bei dem Tankdruck $p_T = 14\,bar$.

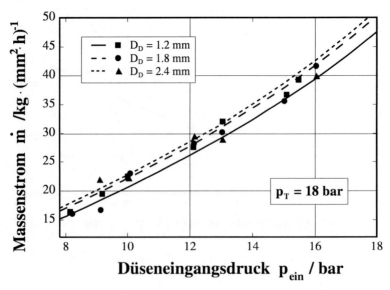

Bild 31: Kritischer Massenstrom $\dot{m} = f(p_{ein})$ bei dem Tankdruck $p_T = 18\,bar$.

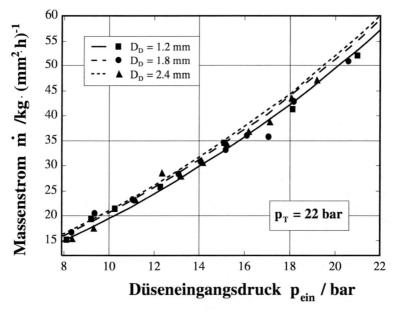

Bild 32: Kritischer Massenstrom $\dot{m} = f(p_{ein})$ bei dem Tankdruck $p_T = 22\,bar$.

bildung in der Rohrleitung führt. Tabelle 7 enthält diese Werte bei verschiedenen Tankdrücken.

Tabelle 7: Wärmestrom und Dampfbildung bei verschiedenen Tankdrücken

Druck p_{CO_2} / bar	Temp. T_{CO_2} / °C	Wärme $\dot{q}$ / W · m^{-1}	Dampf $m_D/g \cdot (m \cdot h)^{-1}$
10	-40	6.5	41
14	-31	5.4	34
18	-23	4.5	28
22	-17	3.7	23

Die Kurven der spezifischen Massenströme $\dot{m}$ verlaufen progressiv mit steigendem Einströmdruck p_{ein}. Die Meßergebnisse der 3 Düsen unterscheiden sich nur geringfügig, dennoch ist in allen Diagrammen eine abnehmende Massenstromdichte $\dot{m}$ mit sinkendem Düsendurchmesser D_D festzustellen.
Naheliegend ließe sich vermuten, daß die Abhängigkeit des kritischen Massenstromes $\dot{m}$ von der Düsennennweite D_D auf unterschiedliche Übergangsdruckverluste $\Delta p_{\ddot{U}berg}$ in den Düsen zurückzuführen ist. Spätere Berechnungen schließen dies jedoch aus. Berechnungen unter Vernachläßigung des Wärmestromes (d.h. $\dot{q} = 0\,W/m$) in die Rohrleitung zeigen, daß der Einfluß der Düsennennweite auf den spezifischen kritischen Massenstrom aus dem unterschiedlichen Dampfanteil in der CO_2-Zuleitung entsteht. Nach

Bild 15 ist für die CO_2-Zuleitung ein zunehmender Dampfanteil $\dot{x}$ mit abnehmenden Massenstrom zu erkennen. Da der absolute Massenstrom bei geringem Düsendurchmesser kleiner ist als bei großem Durchmesser, ist der durch Wärmestrom entstehende Dampfanteil $\dot{x}$ höher als bei größerem Düsendurchmesser, was zu einer Abnahme des spezifischen kritischen Massenstromes $\dot{m}$ bei kleineren Düsen führt.

Die in den Bildern 29 bis 32 dargestellten Vergleiche zwischen experimentellen und berechneten Werten des spezifischen Massenstromes belegen die Anwendbarkeit des homogenen Gleichgewichtmodells für die CO_2-Entspannung im Bereich von Tankdrücken zwischen 10 bar $\leq p_T \leq$ 22 bar. Die Übereinstimmung der experimentellen Meßwerte mit der theoretischen Bestimmung des kritischen Massenstromes zeigt, daß bei der Entspannung zweiphasiger Gemische in Düsen Schallgeschwindigkeit mit den zugehörigen Zustandsgrößen auftritt. Da die Düsen bei den Strömungsversuchen der in den Bildern 29 bis 32 eingetragenen Meßpunkte nicht verstopften, ist davon auszugehen, daß der kritische Strömungsdruck p_{krit} den Wert von $p_{Tr} = 5.18\,bar$ innerhalb der Düsen nicht unterschreitet und somit keine Düsenverstopfung auftritt.

4.5 Berechnung kritischer Strömungsgrößen

Die Bestätigung des Strömungsmodells mit dem kritischen Massenstrom der Bilder 29 bis 32 erlaubt in Bild 33 die Darstellung des berechneten, kritischen Strömungsdruckes p_{krit} in Abhängigkeit des Düseneingangsdrucks p_{ein}.
Mit den Parametern Tankdruck p_T und Düsennennweite D_D geben die gestrichelten Linienzüge den kritischen Strömungsdruck p_{krit} für die in Bild 25 dargestellte Anlage wieder. Die durchgezogenen Linienzüge stellen den kritischen Strömungsdruck für eine ideale Strömung bei Vernachlässigung des Übergangsdruckverlustes ($\Delta p_{Überg} = 0\,bar$) und Vernachlässigung des Wärmetransportes ($\dot{q} = 0\,W/m$) in die Rohrleitung dar. Die Abhängigkeit des kritischen Strömungsdruckes p_{krit} vom Düsendurchmesser D_D ergibt sich wie bei dem kritischen Massenstrom $\dot{m}_{krit}$ aus den unterschiedlichen Dampfanteilen $\dot{x}$ infolge Wärmestrom in die Zuleitung. Bei der kleinsten Düse entsteht der höchste Dampfanteil, womit der kritische Strömungsdruck sinkt.

Für jeden Tankdruck p_T existiert ein theoretischer Wert für den minimalen Düseneinströmdruck $p_{ein,min}$, bei dem der kritische Strömungsdruck gerade dem Tripelpunktsdruck p_{Tr} entspricht. Der minimale Düseneingangsdruck ist dabei vom Düsendurchmesser D_D und von Anlageparametern wie der Rohrleitungslänge, der Rohrleitungsisolierung, Verzweigungen, Einbauten und anderen Parametern abhängig. Berechnungen des minimalen Düseneingangsdrucks $p_{ein,min}$, bei dem $p_{krit} = p_{Tr}$ ist, sind in Bild 34 für die drei Versuchsdüsen und der nach Bild 25 dargestellten Versuchsanlage bei Tankdrücken im Bereich von $p_T = 5\,bar$ bis $p_T = 30\,bar$ eingetragen. In dem Diagramm ist ebenfalls der theoretische Düseneingangsdruck $p_{ein,min}$ ohne Wärmeeinfall in die Strömung sowie eine ideale Strömung ohne Wärmeeinfall und ohne Übergangsdruckverlust ($\Delta p_{Überg} = 0\,bar$ und damit $p_0 = p_{ein}$) eingetragen.

Der Übersichtlichkeit halber sind die Ergebnisse der Rechnung für die 3 Düsen D 12, D 18 und D 24 als gemeinsamer Linienzug A dargestellt, wobei der Einfluß unterschiedlicher Düsennennweiten an den verschiedenen ausgefüllten Symbolen erkennbar ist. Für

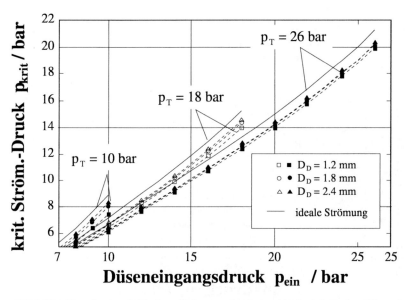

Bild 33: Berechneter kritischer Strömungsdruck in Abhängigkeit des Düseneingangsdruckes p_{ein} bei unterschiedlichen Tankdrücken p_T.

die kleinste Düse D ist der höchste Düseneingangsdruck notwendig, um zu gewährleisten, daß $p_{krit} \geq p_{Tr}$ ist. Mit steigendem Düsendurchmesser ist ein geringerer Düseneingangsdruck möglich. Der höhere erforderliche Düseneingangsdruck bei kleinen Düsen begründet sich ebenfalls mit der erhöhten Dampfbildung bei längerer Verweilzeit des Kühlmittels in der Zuleitung und mit einem höheren Übergangsdruckverlust $\Delta p_{\ddot{U}berg}$ in der Düse. Es zeigt sich, daß der Unterschied des minimalen Düseneingangsdruckes $p_{ein,min}$ zwischen den einzelnen Düsen sehr gering ist und mit steigendem Tankdruck p_T abnimmt.

Bei Berechnung des minimalen Düseneingangsdruckes ohne Berücksichtigung des Wärmestromes in die CO_2-Zuleitung, ergeben sich für alle 3 Düsen gleiche Werte. Der Verlauf des Linienzuges B gegenüber dem Linienzug A zeigt, daß der Wärmestrom $\dot{Q}$ in die Rohrleitung bei hohem Tankdruck p_T kaum Einfluß auf den minimal zulässigen Düsenvordruck $p_{ein,min}$ hat. Kurve B entspricht bei hohem Tankdruck p_T annähernd der Kurve A. Zunehmende Abweichungen bei geringem Tankdruck sind ebenfalls auf den Dampfanteil $\dot{x}$ zurückführen. Der zunehmende Dampfanteil $\dot{x}$ rührt bei sinkendem Tankdruck zum einen aus dem zunehmenden Wärmestrom infolge sinkender CO_2-Temperatur in der Rohrleitung (siehe Tabelle 7), zum anderen aus der längeren Verweilzeit des Kohlendioxids in der Rohrleitung infolge abnehmendem Massenstroms.

Mit der Kurve C ist in Bild 34 der theoretische minimal zulässige Düsenvordruck $p_{ein,min}$ für den Fall berechnet worden, daß weder Flüssigkeitsverdampfung infolge Wärmeeinfall in die Rohrleitung auftritt, noch daß an der Querschnittsverengung in der Düse ein Druckverlust $\Delta p_{\ddot{U}berg}$ entsteht.

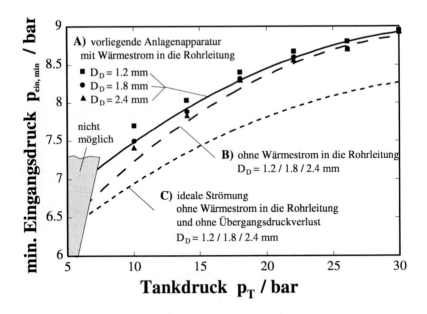

Bild 34: Minimal zulässiger Düseneinlaufdruck $p_{ein,min}$, so daß $p_{krit} \geq p_{Tr}$.

Vergleicht man die untere Grenzkurve C der idealen Strömung mit den Berechnungen, bei denen nur der Wärmestrom unberücksichtigt ist (Kurve B), so ist der Einfluß des Druckverlustes $\Delta p_{Überg}$ an der Querschnittsreduzierung in der Düse zu erkennen. Der Einfluß des Druckverlustes $\Delta p_{Überg}$ auf den minimal zulässigen Düseneingangsdruck $p_{ein,min}$ vergrößert sich mit steigendem Tankdruck p_T. Hier zeigt sich ein umgekehrtes Verhalten zu dem Einfluß des Wärmestromes in die Rohrleitung. Der Übergangsdruckverlust ist nach Gleichung (10) quadratisch vom Massenstrom $\dot{M}$ abhängig, $\Delta p_{Überg} = f(\dot{M}^2)$. Der CO_2-Massenstrom steigt mit zunehmendem Tankdruck p_T, wodurch der Einfluß des Übergangsdruckverlustes $\Delta p_{Überg}$ auf den minimal zulässigen Düseneingangsdruck ebenfalls zunimmt, dies erklärt die zunehmende Abweichung vom Düseneingangsdruck der realen Anlage bei hohen Tankdrücken.
Aus dem Verlauf der Kurven A bis C läßt sich bei Kenntnis des Übergangsdruckverlustes und des Wärmestromes der minimale Düseneingangsdruck $p_{ein,min}$ auch für andere CO_2-Strömungsapparaturen abschätzen.

In Bild 35 ist die Berechnung des kritischen Strömungsdruckes p_{krit} für die Fälle, daß nur Dampf oder nur Flüssigkeit in die Düse einströmt, mit den Linienzügen G und F in Abhängigkeit vom Düseneingangsdruck p_{ein} dargestellt. Die CO_2-Flüssigkeit strömt dabei im Siedezustand und der CO_2-Dampf als gesättigter Dampf in die Düse ein. Mit den gestrichelten Linien ZW im Bereich zwischen den Kurven der reinen Gas- bzw. Flüssigkeitsströmung ist der kritische Strömungsdruck für homogene zweiphasige Gemische bei Tankdrücken von $p_T = 10/18/26\,bar$ für die Düse der Nennweite $D = 1.8\,mm$ dargestellt. Diese Kurvenverläufe entsprechen denen in Bild 33. Die

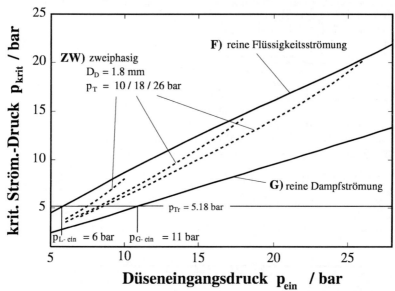

Bild 35: Kritischer Strömungsdruck p_{krit} in Abhängigkeit des Düseneingangsdruckes $p_{ein,min}$.

Kurven der Gas- und Flüssigkeitsentspannung bilden Grenzkurven der Entspannung homogener zweiphasiger Gemische. Da sich für die CO_2-Dampf- und CO_2-Flüssigkeitsströmung je nur ein Linienzug ergibt, läßt dies den Schluß zu, daß unterschiedliche Nennweiten bei Düsen gleicher Bauart im untersuchten Bereich keinen Einfluß auf den Entspannungsverlauf der reinen Phasenströmung haben. Aus Bild 35 ist zu erkennen, daß der kritische Strömungsdruck p_{krit} einer reinen Dampfströmung entsprechend Kurve G wesentlich geringer ist als der kritische Strömungsdruck bei reiner Flüssigkeitseinströmung nach Kurve F. Die dargestellten Druckverläufe der Strömung reiner Phasen wurden für die 3 untersuchten Düsen D 12, D 18 und D 24 berechnet. Für reine CO_2-Flüssigkeitseinströmung tritt der Tripelpunktsdruck von $p_{Tr} = 5.18\,bar$ bei einem Düsenvordruck von $p_{L-ein} = 6\,bar$ auf. Bei reiner CO_2-Gas-Strömung tritt der Tripelpunktsdruck hingegen schon bei dem Düseneingangsdruck von $p_{G-ein} = 11\,bar$ auf.

Für eine Zweiphasenströmung ist damit die Gefahr einer Düsenverstopfung besonders hoch, nachdem eine größere Dampfblase die Düse durchströmt hat und anschließend wieder Flüssigkeitsströmung einsetzt. Für die Flüssigkeit ist der Druck in der Düse im ersten Augenblick geringer als es dem Gleichgewichtszustand dieser Strömung entspricht. Liegt vor der Düse bereits der minimale Düseneinströmdruck

$p_{ein,min}$ vor, so kann der Tripelpunktsdruck p_{Tr} noch innerhalb der Düse unterschritten werden. Bei sehr langen Verbindungsleitungen zwischen CO_2 - Tank und Verbraucher sowie bei schadhafter Rohrleitungsisolierung können leicht größere Dampfbereiche entstehen. Größere Dampfbereiche bilden sich auch während Einsprühpausen in höher gelegenen Rohrleitungsabschnitten. Reine Flüssigkeitsströmung reduziert die Verstopfungsgefahr und läßt sich mit einer Phasentrennung vor der Düse erreichen. Mit einer Abscheidung der Dampfphase lassen sich definierte Zustände bei der CO_2 - Entspannung entsprechend der Kurve F in Bild 35 einstellen. Der sich einstellende kritische Strömungsdruck p_{krit} oszilliert nicht mehr zwischen den Werten der Flüssigkeitsentspannung (Kurve F) und der Dampfentspannung (Kurve G), sondern variiert nur leicht mit Änderung des Düsenvordruckes p_{ein}. Der minimal zulässige Düseneingangsdruck $p_{ein,min}$ ist dann praktisch vom Wärmeeinfall in die CO_2 - Zuleitung, von Rohrleitungseinbauten wie Ventilen und Verzweigungen und von der geometrischen Rohrleitungs - Führung zwischen CO_2 - Tank und Froster unabhängig.

Bei zweiphasiger Strömung kündigt sich das Auftreten einer Düsenverstopfung gewöhnlich akustisch durch ungleichmäßige Ausströmgeräusche an. Die unregelmäßigen Ausströmgeräusche entstehen durch unterschiedliche Strömungsgeschwindigkeiten der Flüssigkeits- und Dosierventilströmung. In Bild 36 sind die kritischen Strömungsgeschwindigkeiten der Dampf-, Flüssigkeits- und der homogenen Zweiphasenströmung

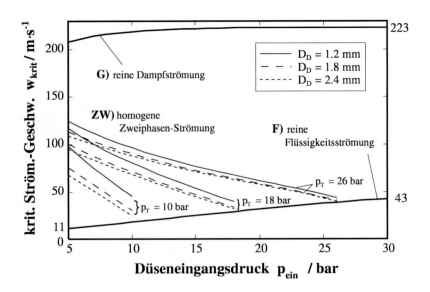

Bild 36: Kritische Strömungsgeschwindigkeiten bei Dampf-, Flüssigkeits- und homogenen Zweiphasen - Strömung.

in Abhängigkeit des Düseneinströmdruckes p_{ein} mit dem Tankdruck p_T als Parameter dargestellt. Die unregelmäßigen Ausströmgeräusche entstehen bei dem Wechsel von Dampf- zu Flüssigkeitsströmung und umgekehrt. Dabei treten plötzliche Geschwindigkeitsänderungen bis zu $\Delta w = 200\,m/s$ auf. Mit der Phasentrennung nach Bild 37 treten im Entspannungsorgan für die Flüssigkeit nur die niedrigen Strömungsgeschwindigkeiten nach Kurve F auf. Geschwindigkeitssprünge zwischen Flüssigkeits- und Dampfströmung werden vermieden, womit sich auch die Strömungsgeräusche gegenüber der Zweiphasenströmung reduzieren.

4.6 Strömung und Berechnung mit Phasentrennung

In Bild 37 ist das Schema einer Betriebsanlage mit dem Einsatz eines Phasentrenners (siehe auch Bild 62) skizziert. Vom CO_2-Tank führt im Vergleich zu Bild 7 nur

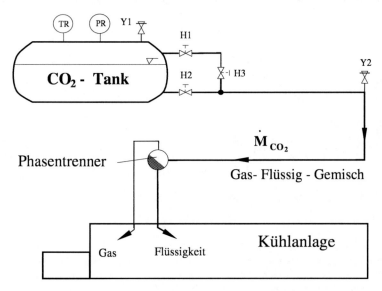

Bild 37: Schema einer CO_2-Betriebsanlage mit Phasentrennung.

noch eine statt der bisher 2 Versorgungsleitungen zum Verbraucher. Die CO_2-Versorgungsleitung mündet im Phasentrenner, von wo aus die CO_2-Flüssigkeit zur Kühlanlage strömt. Der CO_2-Dampf kann ebenfalls zur Kühlung genutzt werden oder direkt in die Umgebung entweichen. Um einer erneuten Dampfbildung durch Wärmeeinfall oder Druckverlust hinter dem Phasentrenner vorzubeugen, sollte dieser kurz vor der Kühlanlage installiert sein. Mit dem Einsatz des Phasentrenners ist gewährleistet, daß der Entspannungsdüse praktisch nur CO_2-Flüssigkeit zugeführt wird und somit definierte Bedingungen geschaffen werden.

Bei der Anwendung einer Phasentrennung ändert sich mit dem kritischen Strömungsdruck nach Bild 35 auch der spezifische kritische Massenstrom $\dot{m}_{krit}$. Die in den Bildern 29 bis 32 dargestellten kritischen Massenströme lassen sich dann auf den kritischen Massenstrom der reinen Flüssigkeitseinströmung entsprechend dem Bild 38 reduzieren. Der spezifische kritische Massenstrom $\dot{m}_{krit}$ ist bei den drei berechneten Düsennennwei-

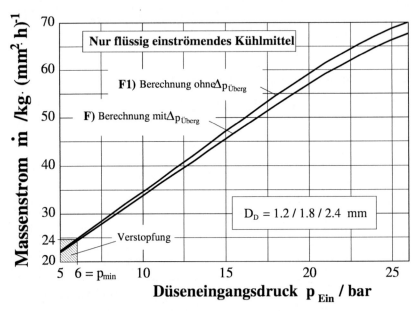

Bild 38: Kritischer Massenstrom $\dot{m}_{krit}$ bei einphasiger Flüssigkeitszuströmung in Abhängigkeit des Düseneingangsdruckes p_{ein}.

ten $D_D = 1.2/1, 8/2, 4\,mm$ praktisch gleich, d. h. von der Düsennennweite unabhängig. Dies gilt analog zur Berechnung des kritischen Strömungsdruckes p_{krit} nach Bild 35. Die Unterschiede der spezifischen kritischen Massenströme $\dot{m}_{krit}$ ohne und mit Berücksichtigung des Übergangsdruckverlustes $\Delta p_{Überg}$ sind gering.

Mit den bisher gewonnenen Erkenntnissen ist es möglich, eine Dosierung für Kohlendioxid gezielt und systematisch zu entwickeln, wobei sich zeigt, daß vor dem Ventil eine Phasentrennung durchzuführen ist und der Ventilsitz mit veränderlichem Strömungsquerschnitt ganz am Ende der Rohrleitung angeordnet sein muß, um nachfolgende Verstopfungen zu vermeiden. Zwischen dem geschlossenen und ganz geöffneten Zustand lassen sich so alle möglichen Strömungsquerschnitte gefahrlos einstellen.

4.7 Nachexpansion des CO_2 - Strahls

Um die gesamte Transportbandbreite im Froster gleichmäßig mit Kühlmittel zu besprühen, muß der CO_2-Strahl zu einem Flachstrahl geformt werden. Da der Druck am Düsenende höher als der Umgebungsdruck ist, soll dieser Überdruck für die Strahlformung genutzt werden. Hierzu ist der Entspannungsverlauf am Düsenende und die Nachexpansion hinter der Düse genauer zu untersuchen. Über den Verlauf einer Nachexpansion weiß man i. a. nur, daß sich der Querschnitt des Gasstrahles nach Bild 20 b sehr stark erweitert und durch seine Trägheitswirkung im Inneren ein Unterdruck entsteht. Infolge des Unterdrucks reduziert sich der Strahlquerschnitt wieder und es entsteht erneut ein Überdruck. Dieser periodische Wechsel findet solange statt, bis die gesamte Druckenergie dissipiert ist, gleichzeitig entsteht die in Kapitel 3 beschriebene Dampfbildung und der Phasenwechsel zu CO_2 - Schnee [64].

Um Kenntnis über den Druckverlauf in der Nachexpansion zu erhalten, müßte der Druck im CO_2-Freistrahl direkt hinter der Düsenmündung gemessen werden. Eine Druckmessung im CO_2-Strahl läßt sich jedoch nur unter hohem technischen Aufwand durchführen, da gewerbliche Druckaufnehmer gegenüber dem Meßvolumen zu groß sind, und den Strömungsverlauf stören. Die Alternative, den Meßsensor mit Kapillarröhrchen vom Meßort zu entkoppeln, eignet sich infolge von Verstopfungen mit Schnee ebenfalls nicht.

4.7.1 Temperaturverlauf der Strahlachse

Unter der Annahme eines näherungsweise thermodynamischen Gleichgewichtes im Freistrahl wird der Druck aus den Werten einer einfacheren Temperaturmessung berechnet. Für die Temperaturmessung sind Thermoelemente mit einem Durchmesser von $D_{Thermo} = 0.5\,mm$ erhältlich. Eine Temperaturmessung mit eng nebeneinander liegenden Meßstellen ist dann mit geringerer Beeinflussung des Entspannungs- und Strömungsverlaufes als mit Druckaufnehmern möglich. Bei der Untersuchung der Nachexpansion im Freistrahl hinter einer Düse erfolgt neben der Temperaturmessung auch eine Vermessung der äußeren Strahlkontur.

Die Versuchsanlage zur Temperaturmessung im CO_2-Freistrahl ist in Bild 39 mit dem CO_2-Tank entsprechend der Beschreibung in Bild 7 dargestellt. Die Flüssigkeitszuleitung mündet vor der Versuchsapparatur in einem Phasentrenner zur Abscheidung der Gasphase, so daß nur flüssiges CO_2 ohne Dampfblasen in die Düse einströmt. Der CO_2-Zustand im Phasentrenner läßt sich mit der Druck- und Temperaturmessung PR 2 und TR 2 bestimmen. Vom Phasentrenner gelangt die CO_2-Flüssigkeit durch eine thermisch isolierte Schlauchleitung mit einer Länge von $L = 0.8\,m$ über den Kugelhahn H4 in die Versuchsdüse.

Die Versuchsapparatur zur Temperaturmessung im CO_2-Strahl ist in Bild 40 dargestellt. Die Düse (1) ist in eine Plexiglasplatte (2) eingeschraubt. Die Plexiglasplatte ist über drei Gewindestangen (3) mit dem Ring (6) verbunden. Die eingeschweißten Muttern (5) und die Halterung (7) fixieren die Gewindestangen (3) an der Innenseite des Ringes (6). Der Ring dient zur Halterung des Rohres (8), womit sich das Thermoelement (9) positionieren läßt. In der Mitte des Rohres (8) befindet sich eine radiale Bohrung, durch die das Thermoelement (9) mit einem Durchmesser von $D_{Thermo} = 0.5\,mm$

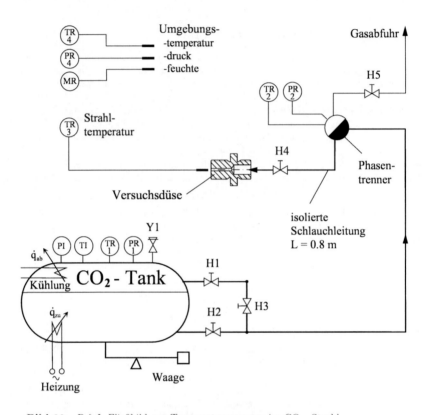

Bild 39: R & I - Fließbild zur Temperaturmessung im CO_2 - Strahl

um $L = 22\,mm$ nach außen führt. Zur besseren Stabilität wird es im hinteren Bereich durch ein $18\,mm$ langes Kapillarrohr gestützt. Das Thermoelement ist auf die CO_2-Strahlachse auszurichten. Durch Drehen der Muttern (4) kann die Plexiglasplatte mit der Düse axial verschoben werden. Die Untersuchung des Temperaturverlaufes auf der Strahlachse findet bis maximal $4\,mm$ in die Düse hinein statt [94].

Die Bilder 41 und 42 zeigen den Temperaturverlauf der Strahlachse über dem Strömungsweg z bei den Tankdrücken $p_T = 14\,bar$ und $p_T = 18\,bar$ jeweils für die drei untersuchten Düsen. Der Abszissenwert '0' entspricht der Düsenmündung, die negativen Werte beziehen sich auf die Messungen innerhalb der Düse und die positiven Werte geben den Abstand hinter den Düsen an. Die in Bild 41 für den Tankdruck von $p_T = 14\,bar$ eingetragene kritische Temperatur von $T_{krit} = -38.2\,°C$ entspricht der Gleichgewichtstemperatur für den nach Kapitel 4.4 berechneten kritischen Strömungsdruck $p_{krit} = 10.8\,bar$ bei einem Druck im Phasentrenner von $p_2 = 12.9\,bar$. Der berechnete kritische Strömungsdruck p_{krit} ist bei konstantem Druck p_2 am Phasentrenner nicht von der Düsennennweite abhängig, die kritische Gleichgewichtstemperatur T_{krit} ist daher für alle drei Düsen gleich. Ebenfalls sind in den Diagrammen die Tripelpunkts-

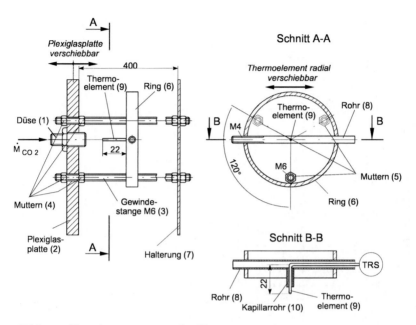

Bild 40: Versuchsapparatur zur Strahltemperaturmessung

temperatur $T_{Tr} = -56.6\,°C$ und die Sublimationstemperatur für den Umgebungsdruck von $p_U = 1\,bar$ mit $T_{Sub} = -78.7\,°C$ als waagerechte gestrichelte Linien gekennzeichnet. Die kleinste Düse mit der Nennweite von $D_D = 1.2\,mm$ zeigt gegenüber den anderen beiden Düsen den steilsten Temperaturabfall. Die Tripelpunktstemperatur wird an der Stelle $z \approx -0.5\,mm$ innerhalb der Düse erreicht, an der bereits Schnee entstehen könnte. Daß die Düse trotzdem nicht verstopft, könnte daran liegen, daß der entstehende Schnee auf dem Strömungsweg keinen hinreichenden Wandkontakt erhält, um sich anlagern zu können und somit direkt aus der Düse ausgetragen wird. Desweiteren ist nicht sicher, ob thermodynamische Gleichgewichtszustände ständig vorliegen und ob mit der Temperatursenkung unterhalb der Tripelpunktstemperatur tatsächlich Schnee entsteht oder eine unterkühlte Flüssigkeit vorliegt und die Phasenumwandlung in Schnee erst außerhalb der Düse stattfindet. Diese Schlußfolgerung läßt sich damit begründen, daß Druck und Temperatur theoretisch bis zur vollständigen Phasenumwandlung am Tripelpunkt für einen kurzen Zeitpunkt konstant bleiben, was sich auch über dem Strömungsweg z in einem Temperaturhaltepunkt äußern müßte. Im Bild 41 liegt zwar kein Temperaturhaltepunkt mit $T = konst$ vor, jedoch weist der flachere Temperaturverlauf (mit verlängerter Linie hervorgehoben) zwischen $0\,mm \lesssim z \lesssim 1\,mm$ auf ein derartiges Phänomen hin. Eine weitere Begründung für die Phasenumwandlung von CO_2-Flüssigkeit in Schnee außerhalb der Düse folgt aus der CO_2-Volumenzunahme am Tripelpunkt. Nach den Bildern 13 und 14 nimmt der Dampfvolumenanteil $\dot{x}_v$ bei der Phasenumwandlung zwar nur um 4 % zu, der Gesamtvolumenstrom $\dot{V}_{CO_2}$ vergrößert sich jedoch um den Faktor 2.4 Dies ist innerhalb des zylindrischen Strömungskanals

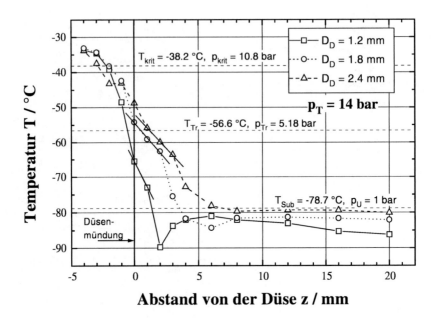

Bild 41: Temperaturverlauf der Strahlachse bei dem Tankdruck von $p_T = 14\,bar$.

der Düse kaum möglich, da dann die Strömungsgeschwindigkeit sprunghaft ansteigen müßte. Der Schnee wird erst außerhalb der Düse entstehen.
Bei $z \geq 1\,mm$ nimmt der Temperaturgradient wieder zu an, der Stelle $z = 2\,mm$ tritt die niedrigste Temperatur von $T = -89.8\,°C$ auf. Der CO_2-Strahl erwärmt sich anschließend wieder und nähert sich der Sublimationstemperatur $T_{sub} = -78.7\,°C$ von festem Kohlendioxid-Schnee bei dem Umgebungsdruck von $p_U = 1\,bar$ und kühlt sich dann auf $T = -86.2\,°C$ bei $z = 20\,mm$ hinter der Düse ab.
An der Mündung der Düse D 18 ist die Temperatur mit $T = -54.2\,°C$ geringfügig höher als die Tripelpunktstemperatur von $T_{Tr} = -56.6\,°C$. Im direkten Anschluß ist wie bei der Düse D 12 ein flacherer Temperaturverlauf bis ca. $z = 2\,mm$ hinter der Düse erkennbar. Die Tripelpunktstemperatur ist an der Stelle $z \approx 0.8\,mm$ abzuschätzen. In dem Bereich zwischen $z = 0\,mm$ bis $z = 2\,mm$ wird vermutlich die Phasenumwandlung von CO_2-Flüssigkeit in Schnee mit der zugehörigen Dampfbildung stattfinden. Nach der Phasenumwandlung bei $z \geq 2\,mm$ verläuft der Temperaturgradient wieder steiler. Die Sublimationstemperatur von $T_{sub} = -78.7\,°C$ tritt an der Stelle $z = 3.6\,mm$ auf, die niedrigste Temperatur wird bei $z = 6\,mm$ mit $T = -84.3\,°C$ gemessen. Mit dem anschließenden Temperaturanstieg stellt sich nach $z = 20\,mm$ hinter der Düse eine Temperatur von $T = -82.1\,°C$ ein.

Die Düse D 24 zeigt gegenüber den anderen Düsen über der gesamten Meßlänge den flachsten Temperaturverlauf. Am Düsenende mit $z = 0\,mm$ liegt die Temperatur mit $\Delta T = 7.8\,°C$ oberhalb der Tripelpunktstemperatur, die bei einem Abstand von $z \approx 1\,mm$ hinter der Düse gemessen wird. Ab der Stelle mit $z \geq 1\,mm$ bis $z = 3\,mm$ flacht der Temperaturverlauf ab, die Phasenumwandlung von CO_2-Flüssigkeit zu Schnee und CO_2-Dampf findet hier näherungsweise bei der gleichen Temperatur wie bei der Düse D 18 statt. Die anschließende Temperatursenkung bis zur Sublimationstemperatur mit $T_{sub} = -78.7\,°C$ verläuft entsprechend den Düsen D 12 und D 18 wieder steiler. Die Strahltemperatur nähert sich dann allmählich der Sublimationstemperatur an und bleibt bis $z = 20\,mm$ nahezu konstant. Eine abschnittsweise Strahlunterkühlung unterhalb der Sublimationstemperatur tritt bei der Düse D 24 nicht auf.

In Bild 42 sind die gemessenen Temperaturverläufe für die 3 Düsen bei dem Tankdruck von $p_T = 18\,bar$ und dem Druck $p_2 = 17.1\,bar$ im Abscheider über dem Strömungsweg dargestellt. Die eingetragene kritische Temperatur von $T_{krit} = -30.7\,°C$ entspricht für alle drei Düsen der berechneten Gleichgewichtstemperatur zu dem im Kapitel 4.4 berechneten kritischen Strömungsdruck von $p_{krit} = 13.9\,bar$.

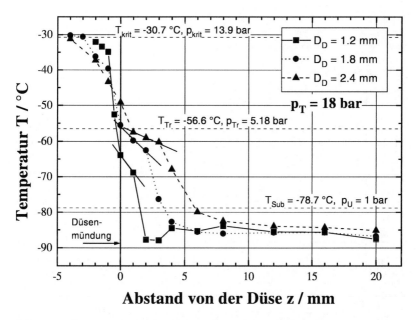

Bild 42: Temperaturverlauf der Strahlachse bei dem Tankdruck von $p_T = 18\,bar$.

Die Temperaturverläufe der drei Düsen verhalten sich untereinander ähnlich wie in Bild 41, d.h., der Temperaturverlauf der Düse mit geringster Nennweite ist am steilsten und der mit größter Nennweite am flachsten. Die Tripelpunktstemperatur von $T_{Tr} = -56.6\,°C$ wird bei der Düse D 12 an der Stelle $z \approx -0.2\,mm$ innerhalb der Düse erreicht, womit Schnee entstehen könnte. Jedoch deutet auch hier der flachere Temperaturverlauf im Bereich von $0\,mm \leq z \leq 1\,mm$ auf eine Phasenumwandlung hinter der Düse bei Temperaturen von $-64°C \leq T \leq -69°C$ hin. Ab $z > 1\,mm$ sinkt die Temperatur stark ab. Die Sublimationstemperatur von $T_{sub} = -78.7\,°C$ tritt an der Stelle $z = 1.5\,mm$ auf, bei $z \approx 2.5\,mm$ liegt ein Temperaturminimum mit $T_{min} = -87.8°C$ vor. Gegenüber dem Tankdruck von $p_T = 14\,bar$ steigt die CO_2-Strahltemperatur nach dem Minimum weniger an, kühlt sich bei $z > 8\,mm$ wieder ab und erreicht bei $z = 20\,mm$ mit $T = -87.6\,°C$ ebenfalls eine Temperatur unterhalb der Sublimationstemperatur von CO_2 bei $p_U = 1\,bar$.
Bei der Düsennennweite von $D_D = 1.8\,mm$ beträgt die Temperatur an der Mündung $T = -55.5\,°C$ und entspricht wie in Bild 41 fast der Tripelpunktstemperatur. An der Mündung der Düse D 24 tritt eine Temperatur von $T = -49.2\,°C$ auf. Für beide Düsen verläuft die Temperatur direkt hinter der Mündung flacher, was entsprechend Bild 41 auf die Phasenumwandlung von CO_2-Flüssigkeit zu Schnee hindeutet. Anschließend sinken die Strahltemperaturen beider Düsen rasch ab, erreichen bei $z = 3.4\,mm$ und $z = 5.8\,mm$ Sublimationstemperatur und weisen bei $z = 20\,mm$ mit $T = -86.8\,°C$ bzw. $T = -85.1\,°C$ annähernd gleiche Temperaturen auf.

In Tabelle 8 sind die Temperaturen an der Düsenmündung $T_{Münd}$ und der Strömungsweg z_{Tr} und z_{Sub}, bei dem die Tripelpunktstemperatur bzw. die Sublimationstemperatur auftritt, für die drei Düsen eingetragen.

Tabelle 8: Charakteristische Werte der CO_2-Nachexpansion.

Düse	Temp. der Mündung $T_{Münd}\,/°C$	Abstand bei T_{Trip} $z_{Tr}\,/mm$	Abstand bei T_{Sub} $z_{Sub}\,/mm$	tiefste Temp. $T_{min}\,/°C$	an der Stelle $z_{T_{min}}\,/mm$	Temp. bei $z = 20\,mm$ $T_{z20}\,/°C$
Tankdruck: $p_T = 14\,bar$						
D 12	-65.5	-0.5	1.35	-89.8	2	-86.2
D 18	-54.2	0.8	3.6	-84.3	6	-82.1
D 24	-48.8	1.1	7.0	-80.1	20	-80.1
Tankdruck: $p_T = 18\,bar$						
D 12	-63.9	-0.2	1.5	-87.8	3	-87.6
D 18	-55.5	0.1	3.4	-86.8	20	-86.8
D 24	-49.2	0.9	5.8	-85.1	20	-85.1

Die hier vorgestellten experimentellen Untersuchungen bei Tankdrücken von $p_T = 14\,bar$ und $p_T = 18\,bar$ ergeben, daß die Temperatur an der Düsenmündung niedriger ist als die kritische Temperatur bei kritischem Strömungsdruck nach dem homogenen

Strömungsmodell siedender Flüssigkeiten. Die Meßergebnisse der Bilder 41 und 42 zeigen weiter, daß an der Mündung unterschiedlicher Düsen, trotz gleichen Tankdruckes, verschiedene Temperaturen auftreten. Aus Tabelle 8 ist erkennbar, daß bei unterschiedlichem Tankdruck und gleicher Düse an der Mündung näherungsweise gleiche Temperaturen vorliegen. Die Temperatur an der Mündung ist damit von der Düsennennweite D_D abhängig. Dicht vor und hinter dem Düsenende treten bei gleichen Düsen ebenfalls ähnliche Temperaturverläufe auf. Die Temperatur und damit auch der zugehörige Gleichgewichtsdruck ist am Düsenende umso höher, je größer die Düsennennweite ist.

4.7.2 Strömungsgeschwindigkeiten und Partikelgröße am Düsen-Ende

Die experimentellen Ergebnisse des kritischen Massenstromes $\dot{m}$ der Bilder 29 bis 32 bestätigen die Berechnung nach dem homogenen Strömungsmodell der Gleichungen (25) bis (36) des Kapitels 3.4, wobei die kritischen Strömungszustände entsprechend der Annahme in Bild 21 innerhalb der Düse auftreten. Für den hinteren Teil der Düse wird im folgenden gezeigt, daß sich die Strömungsgeschwindigkeiten und die Partikelgröße nach dem Zweifluidmodell berechnen lassen.
Aus den in den Bildern 41 und 42 dargestellten Temperaturverläufen der Strahlachse läßt sich der Druckgradient dp/dz unter der Voraussetzung eines thermodynamischen Gleichgewichtes berechnen und die Differentialgleichungen (52) und (56) mit der Kopplungsgleichung (57) numerisch lösen.
Für die Düse D 18 sind die gemessenen Temperaturen $T(z)$ und die daraus berechneten Gleichgewichtsdrücke $p(z)$ in Tabelle 9 eingetragen. Der Druckverlauf im Bild 43 wurde

Tabelle 9: Gleichgewichtsdruck zur gemessenen Strahltemperatur

Strömungs- weg z	gemessene Temperatur T_{ax}	berechneter Gleichgewichts- druck p_{ax}
4	-30.21	14.2
3	-31.51	13.51
2	-36.23	11.52
1	-39.63	10.16
0	-55.51	5.56

mit der Approximationsfunktion

$$p = 4 \cdot z^{0.33} + 0.6 \cdot z + 5.56 \qquad (58)$$

dargestellt. Die Approximation wurde so gewählt, daß der Funktionswert am Düsenende mit $z = 0$ dem berechneten Gleichgewichtsdruck von $p = 5.56\,bar$ entspricht. Zur einfacheren Bestimmung der Approximationsfunktion wurden für den Strömungsweg z hier die Betragswerte angegeben, während in den Bildern 41 und 42 der Strömungsweg innerhalb der Düse mit negativem Vorzeichen dargestellt wurde.
Der Druckgradient dp/dz berechnet sich mit:

$$dp/dz = 1.32 \cdot z^{-0.67} + 0.6 \qquad (59)$$

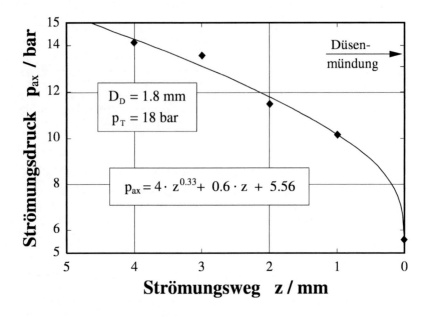

Bild 43: Axialer Gleichgewichtsdruckverlauf p_{ax} über dem Strömungsweg z.

Die zur Lösung des Gleichungssystems benötigten Stoff- und Zustandsgrößen sind in Abhängigkeit der gemessenen Temperatur und des daraus berechneten Druckverlaufes nach Gl. 58 zu bestimmen. Es ist möglich, Aussagen über die am Düsenende getrennt verlaufenden Gas- und Flüssigkeitsgeschwindigkeiten als auch über die Gleichgewichtstropfengröße zu treffen. Die berechneten Verläufe der Gas- und Flüssigkeitsgeschwindigkeit sowie der Tropfengröße sind für die Düse D 18 bei dem Tankdruck von $p_T = 18\,bar$ in Bild 44 dargestellt. An der Abszisse ist die Strömungskoordinate z vom kritischen Strömungszustand bis zur Düsenmündung aufgetragen. Gas- und Flüssigkeitsgeschwindigkeiten lassen sich an der linken, die Tropfengröße an der rechten Ordinate ablesen. Im kritischen Strömungszustand an der Stelle $z = -3.7\,mm$ strömen Gas und Flüssigkeit mit der einheitlichen Geschwindigkeit von $w_{krit} = 25.9\,m/s$. An dieser Stelle $z_{krit} = -3.7\,mm$ können sich theoretisch unendlich große Tropfen bilden, da die Relativgeschwindigkeit $w_r = 0\,m/s$ ist. Dies bedeutet, daß noch keine Nebelströmung vorliegt, sondern Gasblasen oder chaotische Strömung in der Flüssigkeit zu erwarten sind. Mit auftretender Relativgeschwindigkeit nimmt die Tropfengröße rasch ab. An der Stelle $z = -2.55\,mm$ entspricht die Gleichgewichtstropfengröße D_T dem Düsendurchmesser $D_D = 1.8\,mm$, ab dieser Stelle können sich Tropfen im Gas bilden. Die Gasphase beschleunigt zum Düsenende mit $z = 0\,mm$ bis $w_g = 221\,m/s$, was der Schallgeschwindigkeit w_{Schall} einer reinen CO_2-Gasströmung mit idealem Verhalten bei vorliegendem Druck und Temperatur entspricht. Die Tropfengröße hat sich am Düsenende auf einen Durchmesser von $D_T = 1.52\,\mu m$ reduziert. Die geringe Tropfengröße führt dazu, daß die Tropfen kurz vor Düsenende mit der Gasströmung stark

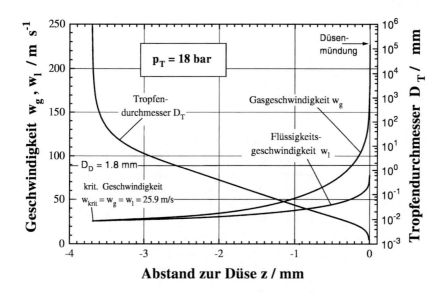

Bild 44: Gas-, Flüssigkeitsgeschwindigkeit und Tropfengröße bei der Entspannung von $p_T = 18\,bar$, $D_D = 1.8\,mm$.

beschleunigen und die Düse mit der Geschwindigkeit von $w_l = 83\,m/s$ verlassen. Die auftretende Relativgeschwindigkeit zwischen Gas- und Flüssigkeit beträgt am Düsenende $w_r = 143\,m/s$.

An der Mündung der betrachteten Düse hat sich noch kein Schnee gebildet, da die Tripelpunktstemperatur von $T_{Tr} = -56.6\,°C$ nach Bild 42 noch nicht unterschritten ist. Die Tropfengröße kann sich im Freistrahl hinter der Düse durch Scherung in der Nachexpansion weiter reduzieren oder es können Zusammenschlüsse zu größeren Tropfen entstehen. Für den Bereich nach der Düse können daher keine genauen Angaben über die Tropfengröße erfolgen. Aus physikalischen Gründen läßt sich jedoch feststellen, daß sich die Gleichgewichtstropfengröße, die bei Erreichen des Tripelpunktsdruckes vorliegt, bei der Phasenumwandlung um den verdampfenden Massenanteil von ca. 36%, reduziert. Dies entspricht einer Verringerung des Tropfendurchmessers um ca. 14%. Infolge der Dichteänderung von CO_2-Flüssigkeit und Schnee reduziert sich der Tropfen- bzw. Partikeldurchmesser um weitere 8%. Zwischen $T_{Tr} = -56.6\,°C$ und $T_{Sub} = -78.7\,°C$ verringert sich der Partikeldurchmesser bei Sublimation und Dichteschrumpfung nochmals um 3%. Der Durchmesser eines ungestörten CO_2-Tropfens verringert sich damit bei der Phasenumwandlung und Abkühlung um insgesamt 23%.

4.7.3 Geometrische CO_2 - Freistrahlvermessung

Die Zustands- und Strömungsverhältnisse innerhalb der Düsen sind mit den Ausführungen in den Kapiteln 3 bis 4.7 hinreichend bekannt. Um später eine gezielte Strahlformung zu ermöglichen, wird nun mit der geometrischen CO_2- Freistrahlvermessung näher auf die Vorgänge hinter den Düsen eingegangen. Zur Bestimmung der Strahlgrenze findet eine Auswertung von Fotografien statt. Mit einer Kamera, die rechtwinklig zum nach unten strömenden Freistrahl positioniert ist, läßt sich die Kontur des Strahles fotografisch festhalten. Bild 45 zeigt den axialen Strahlquerschnitt bei einem Tankdruck von $p_T = 18\,bar$ unter Verwendung der Düse D 18.

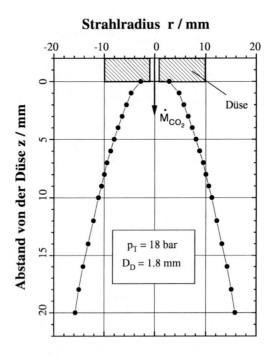

Bild 45: Strahlbreite in Abhängigkeit von der Strahllänge.

Direkt hinter der Düse findet infolge der Nachexpansion und der dabei auftretenden Volumenzunahme eine Strahlerweiterung gegenüber dem Düsenquerschnitt statt. Diese Strahlerweiterung zeichnet sich an der Düsenstirnseite sichtbar ab. Bild 46 zeigt die Stirnseite der Düse mit der aus Luftfeuchtigkeit entstandenen Wassereisbildung, die sich weiß abzeichnet und dem eisfreien Bereich der Strahlerweiterung an der Düsenmündung.

Der Radius des eisfreien Bereichs bildet in Bild 45 an der Stelle $z = 0\,mm$ den ersten Meßpunkt mit $r_S = 1.65\,mm$. Im düsennahen Bereich nimmt der Strahlradius bis $z = 2\,mm$ rasch zu, ab $z > 2\,mm$ ist die Zunahme des Strahlradius geringer. Dies ist in Übereinstimmung mit dem Temperaturverlauf der Strahlachse in Bild 42 zu sehen, aus dem hervorgeht, daß die Phasenumwandlung und die Dampfbildung bei $z \approx 2\,mm$ abgeschlossen ist. Bei $z = 3.4\,mm$ ist die Sublimationstemperatur für den Umgebungsdruck $p_U = 1\,bar$ erreicht. Der CO_2-Strahl-Querschnitt vergrößert sich dann durch eingesaugte Luft infolge turbulenter Randbereiche, durch Sublimation des Schnees, durch Strahlerwärmung und durch Verzögerung. Bei einem Abstand zur Düsenmündung von $z = 20\,mm$ beträgt der Strahlradius $d_S = 15.3\,mm$.

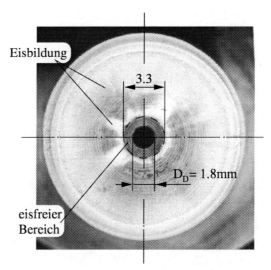

Bild 46: Düsenstirnseite mit Eisbelag nach dem Sprühen bei $p_T = 18\,bar$.

Zur Bestimmung der eingesaugten Luftmenge wird die Geschwindigkeit der sich in den Strahl bewegenden Luftströmung über der Strahllänge gemessen. In Bild 47 ist der Versuchsaufbau zur Messung der Luftgeschwindigkeit w_L dargestellt. Die Versuchsdüse ist

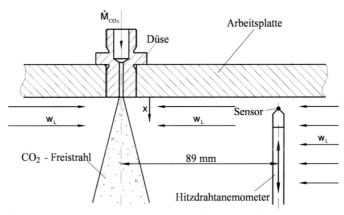

Bild 47: Versuchsstand zur Messung der Luftansauggeschwindigkeit w_L.

in eine horizontale Arbeitsplatte eingeschraubt. Der CO_2-Strahl ist senkrecht nach unten gerichtet. Die Geschwindigkeitsmessung der vom Strahl eingesaugten Luft erfolgt mit einem thermischen Anemometer des Typs *TestVent 4100* der Firma *Testo GmbH, Lenzkirch*. Der Abstand des thermischen Anemometers von der Strahlachse beträgt $r = 89\,mm$. Durch Positionierung des Anemometers wird die Luftgeschwindigkeit im Bereich von $5\,mm \leq z \leq 25\,mm$ in einem Abstand von $\Delta z = 5\,mm$ gemessen. Weitere Meßpunkte erfolgen bei $z = 2\,mm$, $z = 50\,mm$ und $z = 100\,mm$. Die Ergebnisse der Ansauggeschwindigkeit w_L sind im Diagramm des Bildes 48 über dem Düsenabstand z dargestellt. Im Bereich von $0\,mm \leq z \leq 20\,mm$ treten die höchsten Ansauggeschwindigkeiten, allerdings auch bei höchsten Schwankungen, auf. Die Geschwindigkeitsschwankungen dicht hinter der Düsenmündung können von Druckschwankungen im Inneren des CO_2-Strahls entsprechend der Strahloszillation nach Bild 20 b) verursacht werden, ab $z > 25\,mm$ verringert sich die Luftansauggeschwindigkeit w_L. Für den Abstand bis $z = 25\,mm$ hinter den Düsen sind im Bild 48 Mittelwerte der Ansaugge-

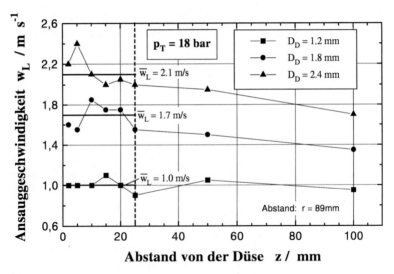

Bild 48: Luftansauggeschwindigkeit w_L entlang des CO_2-Freistrahles in einem Abstand von $r = 89\,mm$.

schwindigkeit mit $\bar{w}_L = 1.0\,m/s$ für die Düse D 12, $\bar{w}_L = 1.7\,m/s$ für die Düse D 18 und $\bar{w}_L = 2.1\,m/s$ für die Düse D 24 eingetragen. Soll der Strahl hinter der Düsenmündung zur Strahlformung weiter in einem Strömungskanal geführt werden, so ist die angesaugte Luftmenge für die Querschnittsauslegung eines derartigen Strahlformers besonders im düsennahen Bereich von Bedeutung. Die Strahlformung soll ein Besprühen der gesamten Transportbandbreite nach Bild 1 ermöglichen. Im folgenden Kapitel 4.7.4 erfolgt die geometrische Bestimmung des Sprühstrahles, die von Abmessungen im Froster abhängig ist.

4.7.4 Auslegung des Strahlformers

Infolge des Überdrucks am Ende der zylindrischen Düsen ist es möglich, einen erweiterten Strömungsquerschnitt zu durchströmen, ohne daß Ablösungen an der Wandung entstehen. Läßt man die Erweiterung des Strömungskanals entsprechend Bild 49 nur in einer Ebene zu, so entsteht der in Bild 50 skizzierte Flachstrahl.

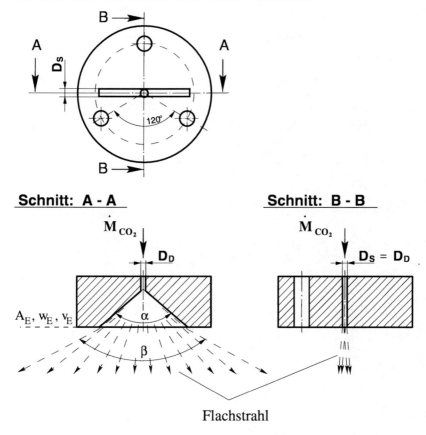

Bild 49: Schlitzförmige Erweiterung des Strömungskanals mit Sprühstrahl.

Im Schlitz ist der Vorgang der Phasenumwandlung von CO_2-Flüssigkeit in Schnee mit der zugehörigen Volumenvergrößerung und den auftretenden Fluid- bzw. Partikelgeschwindigkeiten nicht bekannt. Die Auslegung der Schlitzgeometrie erfolgt daher empirisch.

Die Dicke des Schlitzes D_S soll gleich dem Durchmesser D_N des zylindrischen Strömungskanals sein. Die erforderliche Strahlbreite ergibt sich, da das Kühlmittel im Froster gleichmäßig über der gesamten Transportbandbreite verteilt werden soll. Der Öffnungswinkel α des Schlitzes ist nach Bild 50 abhängig vom Einsprühwinkel Θ relativ zum Transportband und vom Abstand h zwischen dem Ventil und dem Transportband.

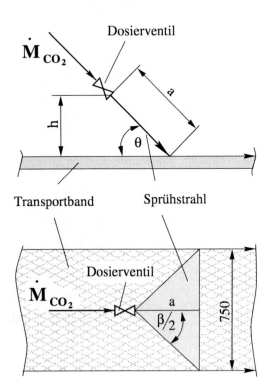

Der Abstand zwischen dem Dosierventil und dem Transportband soll analog zu den herkömmlichen Sprühleisten $h = 250\,mm$ sein, der Einsprühwinkel $\Theta = 45°$ betragen. Erste Versuche mit einer Schlitzdüse zeigten, daß der in Bild 49 dargestellte Strahlwinkel β ca. 20° größer ist als der Schlitzwinkel α, der sich dann zu $\alpha = 100°$ ergibt. Die Schlitztiefe T ist abhängig vom Entspannungsverlauf des Kohlendioxids, vom minimal möglichen Entspannungsdruck innerhalb des Schlitzes, vom Massenstrom und von der Strömungsgeschwindigkeit des Kohlendioxids im Schlitz.

Um eine Schneebildung innerhalb des Schlitzes zu vermeiden, darf der Druck im Schlitz nicht unter den Tripelpunktsdruck von $p_{Tr} = 5.18\,bar$ sinken. Dies hat jedoch zur Folge, daß eine Nachexpansion hinter dem Schlitz entsteht, die eine unkontrollierte Verzerrung der Strahlform verursacht. Vergleicht man die Geometrie der schlitzförmigen Erweiterung mit einer Lavaldüse nach Bild 19 für einphasige kompressible Medien,

Bild 50: Geometrische Anordnung im Froster zur Ermittlung des Schlitzwinkels α

so treten bei zu großer Erweiterung (Bild 20 a) als auch bei zu geringer Erweiterung (Bild 20 b) schräge Verdichtungs- und Verdünnungsstöße auf, die einen oszillierenden Strahlquerschnitt hervorrufen. Bei zu großer Querschnittserweiterung kann es nach Bild 20 a) auch zur Strömungsablösung an der Düsenwandung kommen.

Um im Schlitz eine Querschnittserweiterung entsprechend einer Lavaldüse durchzuführen, müßte am Düsenende Umgebungsdruck vorliegen, womit sich zwar eine Nachexpansion verhindern läßt, jedoch eine Schnee-Bildung innerhalb des Düsenschlitzes zugelassen werden muß. Die Querschnittserweiterung ist vom Massenstrom $\dot{M}$ abhängig, so daß die Geometrie des Düsenschlitzes nur für einen bestimmten Betriebspunkt optimal sein kann. Da der Kühlmittel-Massenstrom infolge variierender Anlageparameter wie z. B. der Frostergröße, der Kühlgutzusammensetzung und der Kühlguttemperatur schwankt, erfolgt die Auslegung des Düsenschlitzes für den mittleren Massenstrom.

Bei der nach Bild 49 dargestellten Schlitzdüse liegt ein Nenndurchmesser von $D_D = 2\,mm$ vor. Mit einem Düseneingangsdruck von $p_{ein} = 18\,bar$ und Phasentrennung vor dem Dosierventil läßt sich nach Bild 38 ein Kühlmittel-Massenstrom von $\dot{M}_{CO_2} = 170\,kg/h$ erreichen, was dem beobachteten Verbrauch einiger Betriebsfroster entspricht. Zur Auslegung des Düsenschlitzes bietet sich hier die Verwendung der berechneten und experimentellen Daten der oben untersuchten Düse D 18 an. Bei dem gegebenen Schlitzwinkel von $\alpha = 100°$ und der Schlitzdicke von $D_S = 2\,mm$ berechnet sich die Schlitztiefe T mit

$$T = \frac{A_E}{2 \cdot D_S \cdot tan\alpha} \qquad (60)$$

Für den Strömungsquerschnitt A_E am Ende der schlitzförmigen Erweiterung gilt:

$$A_E = \frac{\dot{M} \cdot \bar{v}_E}{\bar{w}_E} \qquad (61)$$

Das mittlere spezifische Volumen $\bar{v}_E$ und die mittlere Geschwindigkeit $\bar{w}_E$ am Ende des Schlitzes sind vom Entspannungsdruck p_E abhängig. Mit Grenzwerten für das spezifische Volumen $\bar{v}_E$ und der Geschwindigkeit $\bar{w}_E$ läßt sich die minimale und maximale Erweiterung des Düsenschlitzes nach Gleichung (61) berechnen. Innerhalb dieses Bereiches ist der optimale Strömungsquerschnitt A_E experimentell zu ermitteln.

Der maximale Strömungsquerschnitt $A_{E,max}$ liegt vor, wenn die Entspannung innerhalb des Düsenschlitzes bis auf den Umgebungsdruck von $p_U = 1\,bar$ stattfindet und bei maximalem spezifischem Volumen $\bar{v}_{E,max}$ mit der geringsten anzunehmenden Strömungsgeschwindigkeit $\bar{w}_E$ in Gleichung (61) gerechnet wird. Das maximale mittlere spezifische Volumen aus CO_2-Dampf und Schnee berechnet sich nach Gleichung (30) zu $\bar{v}_{E,max} = 0.1864\,m^3/kg$. Als minimale Strömungsgeschwindigkeit läßt sich die nach Gleichung (16) berechnete und in Bild 36 für CO_2-Flüssigkeit dargestellte kritische Strömungsgeschwindigkeit von $w_{krit} = 28.3\,m/s$ angeben. Hierbei ist die berechnete kritische homogene Strömungsgeschwindigkeit der zylindrischen Düsenmündung auf das Ende des Düsenschlitzes übertragen worden. Nach Gleichung (60) berechnet sich die Schlitztiefe dann zu $T = 50\,mm$.

Der minimale Strömungsquerschnitt $A_{E,min}$ liegt vor, wenn die Entspannung innerhalb des Düsenschlitzes bis zum Tripelpunktsdruck stattfindet und dabei die maximal anzunehmende Strömungsgeschwindigkeit $\bar{w}_{E,max}$ vorliegt. Mit den Zustandsgrößen des flüssigen und dampfförmigen Kohlendioxids bei $p_{Tr} = 5.18\,bar$ berechnet sich das mittlere spezifische Volumen nach Gl. (30) zu $\bar{v}_{E,min} = 0.015\,m^3/kg$.

Als maximale Strömungsgeschwindigkeit $\bar{w}_{max}$ läßt sich die Schallgeschwindigkeit von $w_{Schall} = 219\,m/s$ für die Zustandsgrößen am Tripelpunkt annehmen. Nach Gleichung (61) berechnet sich dann mit $A_{Str} = 3.14\,mm^2$ ein geringerer Schlitzquerschnitt als der des zylindrischen Strömungskanals bei $D_D = 2\,mm$ vor der Querschnittserweiterung. Dies bedeutet, daß auch geringste Schlitztiefen zu testen sind.

Um den experimentellen und finanziellen Aufwand zur Bestimmung der Schlitztiefe zwischen $50\,mm \geq T \geq 0\,mm$ gering zu halten, soll versucht werden, die Schlitztiefe weiter einzugrenzen. Eine Möglichkeit, die Schlitztiefe einzugrenzen, kann nach Bild 45 mit dem optisch bestimmten Strömungsprofil des Freistrahles erfolgen. Aus den Bildern 41 und 42 für den Temperaturverlauf über der Strahlachse und aus Tabelle 8 ist für die Düse D 18 zu entnehmen, daß an der Stelle $z = 3.4\,mm$ Sublimationstemperatur bei Umgebungsdruck mit $p_U = 1\,bar$ auftritt. Es wird angenommen, daß die CO_2 - Entspannung an dieser Stelle abgeschlossen ist. Der Freistrahlquerschnitt bei $z = 3.4\,mm$ soll auf den Ausströmquerschnitt A_E des Schlitzes übertragen werden. Da bei der Entspannung innerhalb des Schlitzes keine Luft in den Strahl gelangt, ist das Volumen der eingesaugten warmen Luft vom Strahlvolumen abzuziehen und damit auch der Querschnitt zu reduzieren.

Die Luft gelangt bei Raumtemperatur mit $T_R = 20\,°C$ in den Strahl. Außer des Eigenvolumens der Luft bewirkt die Sublimation von Schnee bei Abkühlung der Luft eine weitere Zunahme des Freistrahlvolumens. Zur Übertragung des Strömungsquerschnittes im Freistrahl ohne eingesaugte Luft auf den Strömungsquerschnitt am Ende des Schlitzes wurden folgende vereinfachende Annahmen getroffen:

- Die Strahlerweiterung der ungerichteten Expansion ohne Lufteinsaugung wird der gerichteten Expansion im Düsenschlitz gleichgesetzt.

- Reibung zwischen Fluid und Schlitzwandung wird ebenso vernachlässigt wie die turbulente Reibung zwischen dem Freistrahl und der ruhenden Atmosphäre.

- Die in den Strahl eingesaugte Luft wird als trockene Luft angenommen.

- Zur Reduzierung des Freistrahlquerschnittes auf das reine CO_2 - Volumen wird die Abkühlung der Luft auf $T = -78.7\,°C$ nur durch Sublimation von Schnee angenommen.

Die in Bild 45 dargestellte Strahlabmessung läßt sich so auf den reinen CO_2 - Volumenstrom reduzieren. Bei dem Strömungsweg von $z = 3.4\,mm$ verringert sich der Strömungsquerschnitt dann von $A_{Strahl} = 116\,mm^2$ auf $A_{CO_2} = 95\,mm^2$. Bei Übertragung dieses Strömungsquerschnittes auf den Düsenschlitz errechnet sich nach Gleichung (60) eine Schlitztiefe von $T = 20\,mm$. Mit dieser Betrachtung läßt sich die Schlitztiefe für den Bereich zwischen $0\,mm < T < 20\,mm$ eingrenzen.

Bei einem Durchmesser von $D_D = 2\,mm$ findet die empirische Auslegung der Schlitzgeometrie bei Variation der Schlitztiefe statt. Im Bereich von $6\,mm \leq T \leq 20\,mm$ erfolgt die Untersuchung bei Änderung der Schlitztiefe um jeweils $\Delta T = 2\,mm$. Die dabei entstehende Strahlform gibt Aufschluß über die optimale Schlitztiefe T. Gleichzeitig läßt sich das Verstopfungsverhalten im Schlitz kontrollieren.

Die nebenstehenden Bilder 52 bis 59 zeigen den entstehenden Flachstrahl bei Schlitztiefen von $T = 6\,mm$ bis $T = 20\,mm$. Die dargestellten Bilder entstehen bei der Fotografie des Flachstrahles im Gegenlicht eines Außenfensters im Labor. Die Schlitzdüse ist rechtwinklig zur Filmebene ausgerichet, so daß sich die Breite des CO_2-Flachstrahls auf dem Foto abzeichnet. Der CO_2-Strahl strömt von oben vertikal nach unten. Am oberen Bildrand ist die Schlitzdüse teilweise zu sehen, an dieser Stelle tritt der Strahl aus der Schlitzdüse aus.

In Bild 52 ist der CO_2-Strahl bei einer Schlitztiefe von $T = 6\,mm$ zu sehen. Die Schlitztiefe ist zu gering, um einen CO_2-Flachstrahl zu formen. Bei der Querschnittserweiterung ist die Expansion des Kohlendioxids am Ende des Schlitzes noch nicht abgeschlossen. Wie bei den Düsen mit zylindrischem Strömungsquerschnitt tritt eine ungerichtete Nachexpansion hinter der Düse auf. Es entsteht ein gering abgeflachter Strahl mit elliptischem Strömungsquerschitt.

Mit Zunahme der Schlitztiefe auf $T = 8\,mm$ entsteht der in Bild 53 erkennbare breitere CO_2-Strahl. Die Strahlexpansion findet zunehmend im schlitzförmigen Strömungskanal statt, wobei sich der Strahl in Schlitzebene ausdehnt.

Bild 52: CO_2-Strahl bei $T = 6\,mm$

Bild 53: CO_2-Strahl bei $T = 8\,mm$

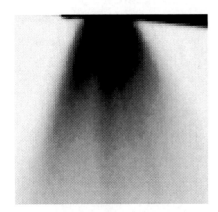

Bild 54: CO_2-Strahl bei $T = 10\,mm$

Bild 55: CO_2-Strahl bei $T = 12\,mm$

Bild 56: CO_2-Strahl bei $T = 14\,mm$

Mit zunehmender Schlitztiefe auf $T = 10\,mm$ entwickelt sich der flache Kühlmittelstrahl nach Bild 54. Aus der asymmetrischen Schattenbildung läßt sich eine ungleichmäßige Schneeverteilung über der Strahlbreite vermuten. Es entsteht kein ausgeformter Flachstrahl mit dem nach Bild 50 dargestellten Strahlprofil, der Strahlwinkel ist mit $\alpha \approx 55°$ zu gering.

Bei der Schlitztiefe von $T = 12\,mm$ läßt sich in Bild 55 eine weitere Verbreiterung des Flachstrahles gegenüber dem Bild 54 verzeichnen. Aus der Gegenlichtaufnahme läßt sich zwar eine annähernd symmetrische Verteilung von Schnee und CO_2-Gas über der Strahlbreite erkennen, es bilden sich jedoch Kernbereiche mit erhöhter Schnee-Konzentration an beiden Seiten des Flachstrahles.

Bei der Schlitztiefe von $T = 14\,mm$ verbessert sich nach Bild 56 die Form des CO_2-Flachstrahles sowie die Verteilung von Schnee und CO_2-Gas über der gesamten Strahlbreite gegenüber der Schlitztiefe von $T = 12\,mm$. Direkt nach dem Austritt des Kühlmittels aus dem Düsenschlitz weist das Schattenbild noch geringe Unterschiede der Schnee-Verteilung auf, mit zunehmendem Strömungsabstand entsteht jedoch ein gleichmäßiges Schattenbild.

Mit einer Schlitztiefe von $T = 16\,mm$ tritt mit Bild 57 eine weniger gleichmäßige Schnee-Verteilung gegenüber der Schlitztiefe von $T = 14\,mm$ auf. Das Sprühbild erscheint zwar symmetrisch, jedoch treten besonders an den Außenkanten und im Kernbereich des Flachstrahles erhöhte Schnee-Konzentrationen auf. Neben den Kernbereichen entstehen über der gesamten Breite einzelne Strahlen erhöhter Schnee-Konzentration, die sich auch mit zunehmendem Strömungsabstand nicht vollständig abbauen.

Bild 57: CO_2-Strahl bei $T = 16\,mm$

Bei weiterer Zunahme der Schlitztiefe auf $T = 18\,mm$ zeigt Bild 58 eine Verschlechterung des Flachstrahles. Der Strahl teilt sich bei dem Verlassen des Schlitzes nach kurzem Strömungsweg in zwei Teilstrahlen auf. In der Mitte des Flachstrahles entsteht ein hellerer Bereich, was auf eine geringe Schnee-Konzentration und damit auf eine geringe Kühlleistung in diesem Bereich hindeutet.

Bild 59 zeigt den CO_2-Strahl bei einer Schlitztiefe von $T = 20\,mm$. Das Verhalten der Strahlteilung, wie es bereits bei $T = 18\,mm$ entsteht, verstärkt sich mit zunehmender Schlitztiefe. Eine Beobachtung des geteilten CO_2-Strahls zeigt ein schwingendes Strahlprofil. Der Strahl teilt sich nicht ausschließlich in der Mitte, sondern teilweise auch im Seitenbereich. Es entstehen Phasen, in denen der Strahl wechselseitig nur links oder nur rechts ausströmt. Das Schwingen des Strahles deutet auf eine zu große Querschnittserweiterung des Düsenschlitzes hin. Wie in Bild 20 b) für Lavaldüsen mit zu groß ausgelegtem Strömungsquerschnitt dargestellt, löst sich der Strahl innerhalb der Erweiterung ab. Die Ablösung findet nicht immer an der gleichen Stelle statt, was zur erwähnten Strahlschwingung führt. Bei der CO_2-Entspannung im Schlitz tritt Umgebungsdruck mit $p_U = 1\,bar$ innerhalb des Schlitzes auf.

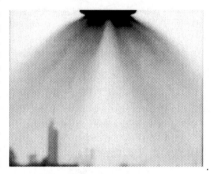

Bild 58: CO_2-Strahl bei $T = 18\,mm$

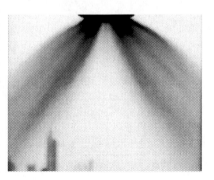

Bild 59: CO_2-Strahl bei $T = 20\,mm$

Die Betrachtung der Bilder 52 bis 59 zeigt, daß zur Formung eines CO_2-Flachstrahles sowohl eine untere wie obere Grenze für die schlitzförmige Erweiterung vorliegt.
Bei zu geringer Schlitztiefe formt sich der Strahl nicht als Flachstrahl. Die Entspannung des Kohlendioxid findet weiterhin teilweise als ungerichtete Nachexpansion hinter dem Strömungskanal statt. Es entsteht ein abgeflachtes Strahlprofil mit elliptischem Strömungsquerschnitt.
Bei zu tiefem Schlitz reißt die Strömung innerhalb der Erweiterung ab. Es entsteht ein schwingender Strahl mit Bereichen unterschiedlicher Verteilung von Schnee und Gas.

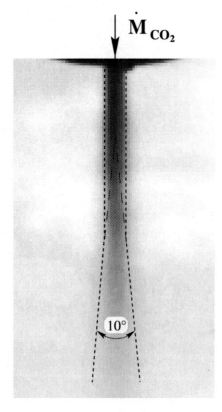

Bild 60: Seitenansicht des Flachstrahles.

Für den späteren Einsatz zur Kühlmittel-Verteilung im cryogenen Linearfroster erscheint der in Bild 56 mit einer Schlitztiefe von $T = 14\,mm$ dargestellte CO_2-Flachstrahl am besten geeignet. Es entsteht ein ausgefüllter Flachstrahl mit gleichmäßiger Kühlmittel-Verteilung über der gesamten Strahlbreite.
In Bild 60 ist die Seitenansicht des CO_2-Flachstrahles bei der Schlitztiefe von $T = 14\,mm$ dargestellt. Die Strahldicke bleibt mit $D_{Strahl} \approx 20\,mm$ bis zu einem Abstand von ca. 70 mm hinter der Düse nahezu konstant und erweitert sich dann mit einem Winkel von ca. 10°. Im oberen Bereich konstanter Strahldicke ist ein dunkler Strahl mit einer hohen CO_2-Schnee-Partikel-Beladung zu erkennen. Mit zunehmendem Strömungsweg gelangt mehr warme Umgebungsluft in den Strahl hinein, wodurch der Schnee sublimiert. Der Strahl wird lichtdurchlässiger und erscheint damit heller.

4.8 Konstruktion des Dosierventils

Die experimentellen Untersuchungen sollten helfen, ein kontinuierlich arbeitendes Dosierventil für das dreiphasig auftretende Kohlendioxid zu konstruieren. Die Anforderungen an das Ventil bestehen aus einem stetig veränderlichen Mengenstrom und einer gleichmäßigen Kühlmittel-Verteilung auf dem Transportband bei störungsfreiem Betrieb ohne Ventilverstopfung durch Trockeneis.
Der Einsatz in der Tieftemperaturtechnik und der Lebensmitteltechnologie beinhaltet Forderungen an die verwendbaren Werkstoffe. Grenzwerte für Schwermetalle wie Blei oder Nickel sind zu beachten, auf Schmiermittel herkömmlicher Art ist zu verzichten. Bewegliche Teile des Ventils müssen im sogenannten *Trockenlauf* arbeiten. Das Ventil und dessen Komponenten bestehen ausschließlich aus nichtrostenden Cr-Ni-Stählen (V4 A) und lebensmittel- sowie tieftemperaturtauglichen Kunststoffen wie PTFE und Polycarbonat. Weitere Anforderungen bestehen in einer möglichst kompakten, einfachen und kostengünstigen Bauweise.
Bei der Ventilkonstruktion findet eine Funktionstrennung zwischen Dosierung und Strahlformung statt. Zur Dosierung dient ein veränderlicher Strömungsquerschnitt als Funktionsprinzip, wozu eine axial bewegliche Ventilnadel benutzt wird. Die Strahlformung erfolgt im Anschluß an die Dosiereinheit mit einem schlitzförmigen Strömungsquerschnitt entsprechend den Untersuchungen in Kapitel 4.7.4. Zur Vermeidung von Verstopfungen sowie zur Geräusch- und Geschwindigkeitsreduzierung des CO_2-Strahls soll dem Dosierventil nach Kapitel 4.5 nur flüssiges CO_2 zugeführt werden, vor dem Dosierventil erfolgt daher eine Phasentrennung von Dampf und Flüssigkeit.

4.8.1 Funktionsweise der kontinuierlichen Dosierung

Nach Bild 61 besteht das Dosierventil aus den drei Hauptkomponenten Ventilbasis, Ventilsitz und Ventilnadel.
Die Ventilnadel befindet sich zentrisch in der Ventilbasis und ragt mit der konischen Seite von oben in den Ventilsitz hinein. Durch axiale Positionierung der Ventilnadel läßt sich der Strömungsquerschnitt verändern und der Massenstrom des Kühlmittels variieren. Zum Schließen drückt ein Stellantrieb die Nadel in den Ventilsitz, wodurch eine ringförmige Abdichtung entsteht. Die axiale Bewegung der Ventilnadel kann mit einem elektrischen oder pneumatischen Stellantrieb erfolgen. Die Ventilnadel wird mit zwei Führungen in der Ventilbasis gelagert. Die Abdichtung gegen einen Nenndruck von $p = 18\,bar$ erfolgt mit sogenannten Dachmanschetten, die unterstützend lagernde Eigenschaften aufweisen. Bei den Dachmanschetten handelt es sich um V-förmige Ringe, die zwischen die Führungen gepreßt werden, wodurch sie sich spreizen und so zwischen Ventilnadel und Ventilbasis dichten. Das Dichtpaket wird mit einer Feder ständig unter Spannung gehalten. Der Anpreßdruck läßt sich mit einer auf die Ventilbasis geschraubten Überwurfmutter einstellen.
Der Ventilsitz wird mit drei Schrauben direkt unter die Ventilbasis geschraubt. Die Durchgangsbohrungen im Ventilsitz sind so groß, daß ein radiales Spiel des Ventilsitzes bei leichtem Lösen der Befestigungsschrauben vorliegt und so ein einfaches Zentrieren des Ventilsitzes zur Nadel ermöglicht wird. Zur Befestigung ist das Ventil in eine Grundplatte eingeschraubt und mit einer Sechskantmutter arretiert.
Der Anschluß für die Kühlmittelzufuhr befindet sich im unteren Teil der Ventilbasis. Um den Druckverlust der Strömungsumlenkung gering zu halten, ist der Anschluß

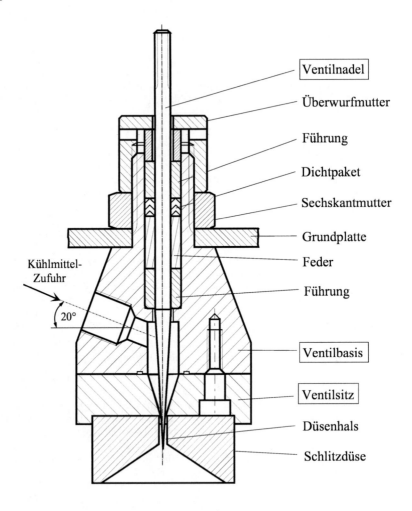

Bild 61: Querschnitt des CO_2-Dosierventils [95].

um 20° nach oben geneigt. Das Kühlmittel strömt von der zentrischen Bohrung der Ventilbasis durch den Öffnungsspalt des Ventilsitzes in den Düsenhals und dehnt sich dann im gesamten Schlitzquerschnitt aus.

Am Ventilsitz liegt eine ringförmige Strömung vor. Mit der verjüngenden Ventilnadel vergrößert sich der Ringquerschnitt im zylindrischen Düsenhals. Entgegen des eigentlichen Zieles, den Strahl zu spreizen, wird das Kühlmittel zunächst zusammengeführt, womit man die gleichen Voraussetzungen entsprechend den im Kapitel 4.7.4 untersuchten Schlitzdüsen mit kreisförmigem Einströmquerschnitt schafft.

Die Ventilkonstruktion erfolgt so, daß sich Verschleißteile leicht austauschen lassen. Die Nennweite des Ventilsitzes ist an die jeweilige Frostergröße anzupassen, wobei sich die Fertigung von Standardgrößen anbietet.

4.8.2 Phasentrennung

Die Apparatur zur Trennung von Gas- und Flüssigphase ist in Bild 62 dargestellt. Sie besteht aus einem Vorabscheider und einem Steuerteil. Ein Prallblech teilt den Vorabscheider in einen oberen und einen unteren Bereich. Das CO_2 strömt tangential unter

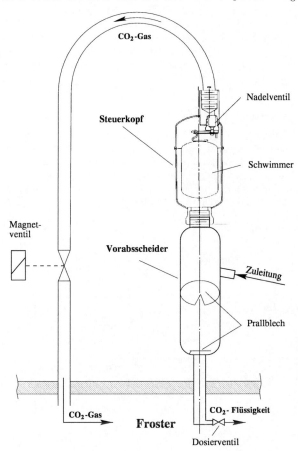

Bild 62: Apparatur zur Trennung von CO_2 - Gas und CO_2 - Flüssigkeit.

einem Winkel von 10° in den oberen Vorabscheiderbereich ein. Es entsteht eine Zirkulationsströmung. Die auftretenden Zentrifugalkräfte bewirken, daß sich die Flüssigkeit an die Behälterwandung anlegt und das Gas sich in der Mitte sammelt, von wo aus es durch die Verbindung in den Steuerkopf gelangt.

Der Steuerkopf besteht im wesentlichen aus einem Schwimmer, der ein Nadelventil betätigt.

Sammelt sich CO_2-Dampf im Steuerteil, so sinkt der Schwimmer, öffnet das Ventil und CO_2-Dampf kann entweichen.

Die CO_2-Flüssigkeit gelangt in den unteren Teil des Abscheiders und strömt durch eine Rohrleitung direkt zum Dosierventil. Vor der Auslaßöffnung des Vorabscheiders befindet sich ein weiteres Prallblech. Dieses soll verhindern, daß evtl. von der Flüssigkeit mitgerissene Blasen in den Auslaß zum Dosierventil gelangen. Um einer erneuten Gasbildung vorzubeugen, ist die Verbindung zwischen Abscheider und Dosierventil möglichst kurz und gut isoliert zu gestalten, so daß der Strömungsdruckverlust möglichst gering bleibt.

4.8.3 Trägergestell für die Dosierapparatur

Da mit dem entwickelten Dosierventil Versuche an freier Atmosphäre und in verschiedenen Linearfrostern stattfinden sollen, ist eine möglichst hohe Flexibilität der kontinuierlichen Dosiereinheit gefordert. Wie im Bild 63 zu sehen ist, dient ein speziell konstruiertes Trägergestell zur Aufnahme des Dosierventils und eines elektrischen Stellantriebes. Zur Steuerung der Ventilnadel dient eine 750 mm lange Schubstange als Verbindungselement zum Stellantrieb. Die Befestigung der Jochstangen geschieht mit

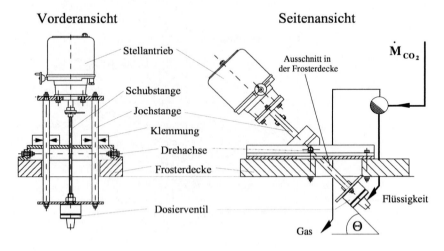

Bild 63: Trägergestell mit Dosierventil und Stellantrieb [55].

Klemmeinrichtungen, die wiederum mit einem schwenkbaren Träger auf einer Grundplatte befestigt sind. Die gesamte Einheit aus Dosierventil und Stellantrieb läßt sich mit wenig Aufwand um $\theta = \pm 50°$ schwenken und um $500\,mm$ vertikal verschieben. Für den Einbau des Dosierventils im Froster ist ein Deckenausschnitt von 200 x 200 mm hinreichend, um den gesamten Hub- und Schwenkbereich des Trägergestells nutzen zu können. Die Grundplatte des Trägergestells schließt den Deckenausschnitt ab, so daß kein Kaltgas infolge der Ventilinstallation entweichen kann. Bei festem Einsprühwinkel von $\theta = 45°$ reicht ein Deckenausschnitt von 200 x 40 mm zur Installation der gesamten Dosiereinheit aus. Für die Integration des Dosierventils sind die erforderlichen Veränderungen am Linearfroster gering.

4.8.4 Funktionversuche

Vor dem Einsatz des Dosierventils im Froster wird eine Funktionsprüfung und Verschleißuntersuchung durchgeführt. Die Funktionsprüfung findet bei Umgebungstemperatur $T_U \approx 15\,°C$ statt. Zunächst erfolgt eine Dichtigkeitsprüfung zwischen Ventilnadel und Ventilsitz mit 1000 Öffnungs- und Schließzyklen. Nach ca. 200 Zyklen bedarf es einer Nachjustierung der Ventilnadel. Wie in Bild 64 dargestellt, entsteht direkt am Ventilsitz infolge des Linienkontaktes im unbenutzten Zustand (linke Seite) eine sehr hohe Flächenpressung, die das Material des Ventilsitzes plastisch verformt (Bild 64, rechts). Diese Verformung tritt nur während der Einlaufphase auf. Mit der Verformung vergrößert sich die Kontaktfläche bei gleichzeitiger Abnahme der Flächenpressung. Es stellt sich ein stabiles Gleichgewicht ein. Spätere Dauerbelastungsversuche von 50 000 Schließzyklen beweisen die Verschleißfestigkeit des Ventils, ohne daß es einer weiteren Nadeljustierung bedarf.

Mit weiteren Funktionsversuchen wird die Strahlform bei unterschiedlichem CO_2-Massenstrom und das Verstopfungsverhalten des Dosierventils untersucht.

Bei geringem Massenstrom besteht die größte Verstopfungsgefahr durch Schneebildung. In einer Ventilstellung mit geringem Öffnungsgrad bei

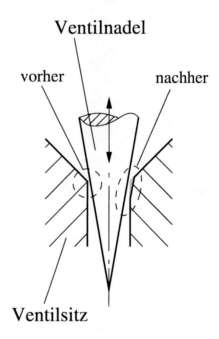

Bild 64: Kontakt zwischen Ventilnadel und Ventilsitz

$\dot{M} \leq 15\,kg/h$ kommt es bei längerer Versuchsführung zu unregelmäßigen Ventilverstopfungen im Düsenhals. Teilweise lösen sich die Verstopfungen selbständig auf, teilweise setzt sich die Schneebildung bis in das Ventil hinein fort. Die Verstopfungen werden bei sehr engem Spalt am Ventilsitz und, der anschließenden Entspannung infolge zunehmendem Strömungsquerschnitt, im Düsenhals verursacht. Da industrielle Linearfroster auch bei relativ hohen Solltemperaturen von $T_F = -30\,°C$ einen Leerlaufverbrauch von $\dot{M}_{CO_2,Leer} \geq 30\,kg/h$ aufweisen, tritt die Gefahr einer Ventilverstopfung im realen Frosterbetrieb praktisch nicht auf. Nur während der Öffnungs- und Schließvorgänge liegt am Ventilsitz ein Zustand vor, in dem eine Verstopfungsgefahr bei geringem Öffnungsgrad entsteht. Da die Öffnungs- und Schließvorgänge sehr rasch verlaufen, besteht ein sehr gering einzuschätzendes Verstopfungsrisiko.

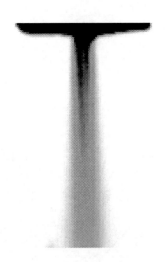

Bild 65: CO_2-Strahl bei geringem Massenstrom.

Wie in Bild 65 zu sehen ist, bildet sich die Strahlform bei CO_2-Massenströmen von $\dot{M} \leq 40\,kg/h$ nicht als Flachstrahl aus. Der Volumenstrom ist zu gering, um den gesamten Düsenschlitz auszufüllen. Der Strahl strömt durch die Mitte des divergenten Schlitzes, flacht sich dabei etwas ab und verläßt die Düse nur im mittleren Bereich. Mit zunehmendem Massenstrom wird der CO_2-Strahl fülliger, bis bei einem Massenstrom von $\dot{M} \geq 60\,kg/h$ das voll ausgebildete Strahlprofil erreicht ist. Die Form des Flachstrahls bleibt dann bis zum maximalen Massenstrom des Ventils von $\dot{M}_{max} = 190\,kg/h$ stabil. Die Dosierfunktion und der störungsfreie Betrieb des dargestellten Ventils sowie die gleichmäßige Kühlmittel-Verteilung auf dem Kühlgut können sich erst bei einer Anwendung im Linearfroster beweisen.

5 Vergleich der CO_2 - Einsprühverfahren im Froster

Gegenüber den Versuchen an freier Atmosphäre treten im Froster Temperaturen bis $T_F = -70\,°C$ auf. Infolge feuchter, warmer Kühlprodukte kondensiert und gefriert eine große Menge Feuchtigkeit an allen Ventil- und Anlageteilen innerhalb des Frosters. Um sicherzustellen, daß im Praxisversuch keine Produktionsausfälle für den Anlagenbetreiber entstehen, findet die Versuchsdurchführung zunächst im Labor statt. Nach der Optimierung im Labor wird die Übertragbarkeit der Ergebnisse für reale Bedingungen im praktischen Produktionsprozeß untersucht. Dabei sind vergleichende Untersuchungen hinsichtlich des CO_2 - Verbrauchs sowie der zeitlichen und örtlichen Temperaturverteilung im Froster und im Kühlgut gegenüber dem Frosterbetrieb mit Sprühleisten vorzunehmen.

5.1 Laborversuche

Die Laboruntersuchungen zum Vergleich der unterschiedlichen Einsprühsysteme mit Sprühleisten und Dosierventil finden an einem handelsüblichen Linearfroster des Typs LF 6/75 mit einer Länge von $L = 6\,m$ und einer Bandbreite von $B = 75\,cm$ der Fa. AGA Gas GmbH in Bad Driburg - Herste statt. Als Versuchsparameter werden die Frostertemperatur T_F und die Verweilzeit t_F, welche sich über die Bandgeschwindigkeit w_B einstellen läßt, variiert.

5.1.1 Versuchsanlage

Das Anlagenschema für den Betrieb des herkömmlichen Sprühsystems mit Sprühleisten ist in Kapitel 2.5 beschrieben und in Bild 7 sowie in Bild 66 für die später aufgeführte Meß- und Regelungstechnik dargestellt. Die Sprühstrahlen der beiden Sprühleisten sind gegeneinander gerichtet. Es entstehen zwei Sprühzonen mit einer Länge von jeweils 400 mm, die bei $L = 1500\,mm$ und $L = 2445\,mm$ vom Frosteranfang beginnen.
Nach Bild 37 und 66 kann die Gasleitung zwischen Tank und Froster für den Versuchsbetrieb mit Dosierventil gegenüber dem Sprühleistenbetrieb entfallen. Die im Phasentrenner entgaste Flüssigkeit strömt in das Dosierventil und die separierte Gasphase gelangt durch eine zweite Leitung ebenfalls in den Froster. Mit der Zuführung des Gases in den Froster entsteht durch die Phasentrennung kein Verlust der vom Kühlmittel zur Verfügung stehenden Kühlleistung. Der Einbau des Dosierventils findet ebenfalls wie die Anordnung der Sprühleisten im vorderen Frosterbereich nahe der Produkteingabe statt. Das Dosierventil wird mit dem zugehörigen Trägergestell in der Symmetrieachse des Frosters im Abstand von 1800 mm zum Anfang des Frostertunnels von oben durch die Frosterdecke geführt. Der Einsprühwinkel beträgt $\theta = 45°$ in Produktförderrichtung. Auf dem unbewegten Transportband zeichnet sich eine 1 m lange Sprühzone ab, die bei $L = 2650\,m$ beginnt.

Mit dem Einbau des Dosierventils wurden gegenüber der herkömmlichen Frosterbetriebsweise auch Veränderungen der Ventilatorpositionierung vorgenommen. Die Position des 1. Ventilators verschiebt sich näher zur Produkteingabe. Zwischen der Produkteingabe und dem Dosierventil sollte immer ein Ventilator vorhanden sein, um die Produktvorkühlung durch Zwangskonvektion zu erhöhen und somit die Kälte des

Kühlmittels möglichst vollständig auszunutzen. Zwischen dem Sprühbereich und der Produktausgabe befinden sich in beiden Frosterbetriebsweisen zwei Ventilatoren. Der hintere Ventilator ist, wie im Sprühleistenbetrieb, mit Leitblechen bestückt, die das Kaltgas in Richtung Produkteingabe fördern und so einem Kaltgasaustritt an der Produktausgabe entgegenwirken. Die Ausführung der übrigen Frosterkomponenten entspricht der im Kapitel 2.5 beschriebenen Konstruktion.

5.1.2 Meß- und Regelungstechnik der Untersuchungen im Froster

Zur Registrierung der Meßwerte werden zwei Systeme verwendet, zum einen das in Kapitel 4.2 beschriebene Netpac-System der Fa. Acurex Autodata, Le Chesnay, Frankreich und zum anderen ein Datalogger Multicontrol 801 der Fa. Steffen-Meßtechnik, Dorsten. Mit dem Meßdatenerfassungssystem Netpac werden Temperatur, Druck und Luftfeuchtigkeit aufgenommen.

Die Bemaßung unterhalb des dargestellten Frosters gibt die Positionierung der Temperaturmeßstellen an. In Bild 66 ist die Anordnung der Meßaufnehmer im Anlagenbetrieb mit Sprühleisten und mit Dosierventil zu sehen. Die Meßzeiten des Netpac-Meßsystems sind synchron zum Datalogger bei gleicher Abtastrate von $\Delta t = 5\,s$ eingestellt. Die Temperatursensoren TR 7 bis TR 11 messen die Temperatur im Frostertunnel in einem Abstand von 50 mm über dem Transportband. Die Temperaturaufnehmer sind auf der Symmetrieachse des Frosters angeordnet. Der Sensor TR 5 mißt die Temperatur am Eingang und TR 4 am Ausgang des Frostertunnels. Vor dem Abgasventilator erfolgt die Messung der Temperatur TR 6 des abgesaugten CO_2-Gases bei zugemischter Luft, mit TR 2 erfolgt die Messung der Raumtemperatur im Labor, mit TR 1 die Temperatur im CO_2-Tank, mit TR 13 die Kühlmitteltemperatur in der Rohrleitung vor den Sprühleisten bzw. im Anlagenbetrieb mit Dosierventil die Temperatur im Phasentrenner und mit TR 1 die Kühlmitteltemperatur direkt im Dosierventil. Mit den Temperatursensoren TR 14 bis TR 21 des Dataloggers werden die Temperaturen nach der Anordnung in Bild 67 in den Modellpaketen gemessen.

Die Temperaturmeßstelle TI 1 zeigt die CO_2-Tanktemperatur an, die Meßstelle PI 1 den Tankdruck, der gleichzeitig als Führungsgröße zur Regelung des CO_2-Zustandes im Tank dient. Die Temperatur TIC dient als Führungsgröße zur Regelung der Frostertemperatur.

Der Druckaufnehmer PR 1 registriert den CO_2-Tankdruck, PR 2 den Kühlmitteldruck vor den Sprühleisten bzw. im Anlagenbetrieb mit Dosierventil den Druck im Phasentrenner und PR 3 den Kühlmitteldruck im Dosierventil.

Die Messung der Luftfeuchtigkeit (MR1) im Laborraum erfolgt mit einem Meßgerät der Bezeichnung *Hygromeß* der Fa. Steffen Meßtechnik GmbH, Dorsten.

Zur Bestimmung des Kühlmittel-Verbrauchs wird eine Waage, mit der sich der CO_2-Tankinhalt bestimmen läßt, benutzt. Bei gleichzeitiger Messung des Tankinhaltes und der Versuchsdauer läßt sich der Kühlmittel-Massenstrom berechnen. Die Waage ist als Balkenwaage mit einer Einteilung von 0.5 kg ausgeführt. Das Meßsystem für den CO_2-Massenstrom aus den Düsenuntersuchungen nach Kapitel 4 kann hier nicht benutzt werden, da der Meßbereich im Sprühleistenbetrieb überschritten ist und im Anlagenbetrieb mit Dosierventil infolge der Phasentrennung zu hohe Schwankungen des Volumenstromes auftreten.

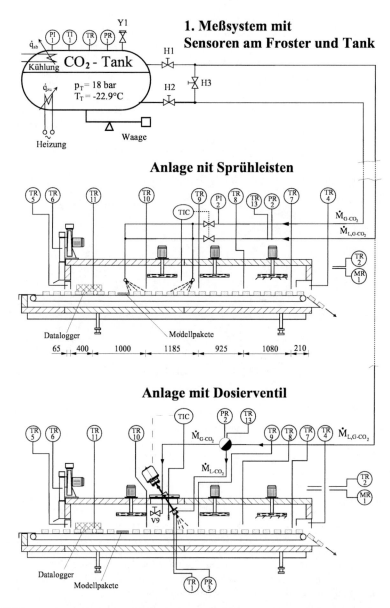

Bild 66: Anordnung der Meßaufnehmer (1. Meßsystem) im Anlagenbetrieb mit Sprühleisten und mit Dosierventil.

Bei dem 2. Meßdatenerfassungssystem, Datalogger Multicontrol 801, handelt es sich um ein batteriebetriebenes, transportables Handgerät mit 8 Kanälen. Für die anstehenden Temperaturmessungen sind an allen 8 Kanälen Widerstandstemperatursensoren (PT 100) angeschlossen. In einer thermisch isolierten Box kann der Datalogger mit dem Kühlgut auf dem Transportband durch den Froster gefördert werden. Bei Abtastraten von $\Delta t = 5\,s$ lassen sich die Meßdaten während der gesamten Verweilzeit im Froster mit dem Datalogger speichern. Die gespeicherten Meßdaten können zu einem Personal-Computer übertragen, weiterverarbeitet und der zeitliche Temperaturverlauf graphisch dargestellt werden. Der Meßbereich des Dataloggers beträgt $-100\,°C \leq T \leq +50\,°C$, bei einer Meßgenauigkeit von $\Delta T = \pm 0.75\,°C \pm 0.5\,\%$ vom Meßwert [96].

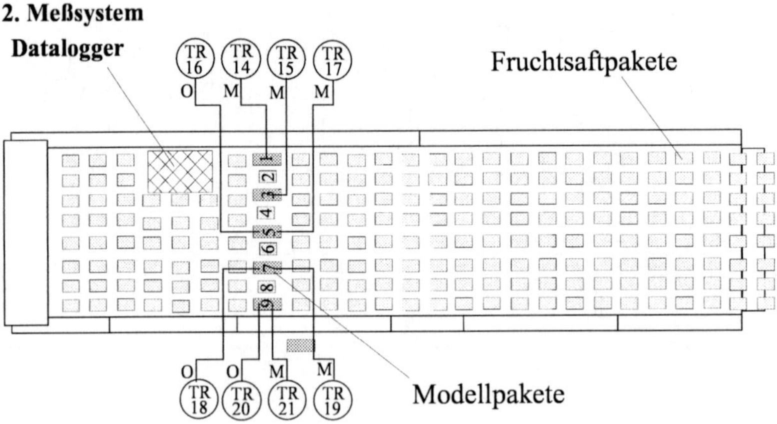

Bild 67: Anordnung des Dataloggers (2. Meßsystem) auf dem Transportband.

Die Regelung der Frostertemperatur im Sprühleistenbetrieb geschieht mit einem Zweipunktregler des Typs Jumo *Dicon SC* der Fa. Juchheim GmbH & Co., Köln. Der Regler steuert ein Magnetventil zur Freigabe der Kühlmittelzufuhr. Die Temperaturregelung ist üblicherweise so eingestellt, daß eine Kühlmitteleinspritzung erfolgt, sobald die Frostertemperatur den Sollwert um $\Delta T = 5\,°C$ überschreitet. Mit Erreichen der Sollwerttemperatur stoppt die Kühlmittelzufuhr.
Im Anlagenbetrieb mit Dosierventil erfolgt die Temperaturregelung mit einem stetigen Regler des Typs Jumo *Dicon SM* ebenfalls von der Fa. Juchheim GmbH & Co., Köln. Hier steuert der Regler einen elektrischen Stellantrieb des Typs 5821 P der Fa. Kämmer Ventile, Hamburg, der die Ventilnadel axial bewegt und so eine Veränderung des Kühlmittel-Mengenstromes je nach Abweichung von der Sollwerttemperatur bewirkt.

5.1.3 Kühlgut

Im Laborversuch wird Orangensaft, der in 0.2 l Tetra-Paks abgefüllt ist, als Kühlgut verwendet. Bei dem Fruchtsaftgetränk handelt es sich weitestgehend um ein homogenes Produkt, das als wässrige Lösung vorliegt und somit keinen exakten Gefrierpunkt aufweist. Der Fruchtsaft verhält sich damit in seiner Gefriereigenschaft ähnlich dem Gefrierverhalten realer wässriger Gefrierprodukte wie z. B. Fleisch, Gemüse oder Obst, die nach Tabelle 10 bis zu 95 Gew-% Wasser beinhalten.

Tabelle 10: Wassergehalt von Lebensmitteln [18]

Lebensmittel	Wasser Gew-%	Lebensmittel	Wasser Gew-%
Fleisch	65 - 70	Gemüse,Obst	70 - 95
Magerfisch	80	Kartoffeln	86
Eiklar	87	Milch	87
Eigelb	50	Äpfel	86
Brot	35	Butter, Magarine	16 - 18
Getreidemehle	12 - 14	geröst. Kaffeebohnen	5

Die quaderförmigen Tetra-Paks weisen die äußeren Abmaße von 85 x 60 x 40 mm auf. Das Verpackungsmaterial besteht aus einer kunststoff-kaschierten Pappe. Der verpackte Orangensaft läßt sich komplett durchgefrieren und wieder auftauen, ohne daß die Verpackung beschädigt, er ist kaum verderblich, einfach zu lagern, billig und fast überall verfügbar, womit er ideale Voraussetzungen für Laborversuche bietet.

Die Fruchtsaftpakete sind als Modellpakete für Temperaturmessungen jedoch nicht geeignet, da Temperaturfühler in die Tetra-Paks einzubringen wären, wodurch Dichtigkeitsprobleme auftreten und eine gleichmäßige Positionierung nur unter hohem Aufwand möglich wäre. Ferner ist eine Phasenumwandlung in Modellpaketen infolge des Temperaturhaltepunktes ungünstig, da dann der kristallisierte Anteil als Vergleichskriterium bestimmt werden müßte. Für die Temperaturmessung werden daher spezielle Modellpakete entwickelt.

5.1.4 Modellpakete zur Temperaturmessung

Zum Vergleich der übertragenen Wärmemenge werden die Temperaturverläufe in Modellpaketen aus Kunststoff während der Abkühlung im Froster benutzt. Die Modellpakete bestehen aus Polyethylen mit einem Dichtebereich von $949\,kg/m^3 \leq \rho \leq 953\,kg/m^3$ und der Produktbezeichnung PE 500, das von der Fa. Thyssen-Schulte, Bielefeld vertrieben wird [97]. Der Temperatur-Einsatzbereich liegt bei $-100\,^\circ C \leq T \leq +80\,^\circ C$. Die Wärmeleitfähigkeit des Polyethylen beträgt $\lambda = 0.38\,W/m\,K$. In Bild 68 lassen sich die äußeren Abmaße der Modellpakete mit 120 x 60 x 26 mm ablesen. Die Masse der Modellpakete beträgt $M = 176^{\pm 1}g$. In die Modellpakete sind Bohrungen zur Aufnahme von Temperatursensoren eingebracht, mit denen sich die Kern- und Oberflächentemperatur messen läßt. Der Sensor zur Kerntemperaturmessung wird von einer Stirnseite in Längsrichtung des quaderförmigen Modellpaketes bis 10 mm vor den Mit-

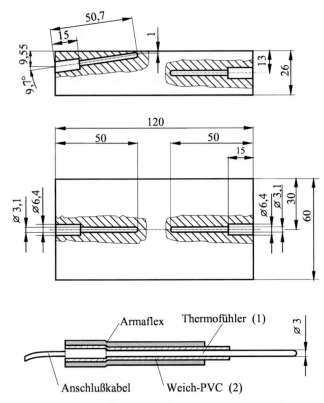

Bild 68: Modellpaket aus Polyethylen und Temperatursensoren (PT 100) zur Messung der Kern- und Oberflächentemperatur.

telpunkt geführt. Der Sensor zur Messung der Oberflächentemperatur läßt sich von der gegenüberliegenden Stirnseite schräg bis 1 mm unter die Oberfläche des Modellpaketes und ebenfalls in Längsrichtung bis 10 mm vor der Mitte positionieren. Eine gegenseitige Beeinflußung der beiden Temperatursensoren kann durch ihren Abstand von mehr als 20 mm ausgeschlossen werden.

Wie Bild 68 zeigt, weisen die Bohrungen einen Durchmesser von $D = 3.1\,mm$ auf, um die stabförmigen Fühler mit dem Durchmesser von 3 mm aufnehmen zu können. Um einer Meßwertverfälschung durch Wärmeleitung über den Schaft der Sensoren vorzubeugen, ist dieser mit einer Ummantelung aus flexiblem PVC-Schlauch umgeben. Der hintere Teil des Schlauches ist aus gleichen Gründen nochmals mit einer 2 mm dicken thermischen Isolierung aus Armaflex umgeben. Der PVC-Schlauch mit einem Außendurchmesser von 6.5 mm paßt stramm in den erweiterten Teil der Bohrung der Modellpakete. Bei Einführung des Temperatursensors in das Modellpaket läßt sich der dehnbare Schlauch etwas weiter als notwendig in die Bohrung schieben. Da der

Schlauch eng anliegt, bewirkt dies, daß die sensitive Spitze des Temperaturaufnehmers ständig im Kontakt mit dem Modellmaterial an der Stirnseite des Sackloches steht. Durch den Berührungskontakt ist gewährleistet, daß der Wärmewiderstand zwischen Modellpaket und Temperatursensor gering bleibt und sich die vorhandene Materialtemperatur schnell zum Sensor überträgt.

Um die übertragene Wärmemenge in den Modellpaketen zu bestimmen, ist die Kenntnis der spezifischen Wärmekapazität c_p des Polyethylens notwendig. In Bild 69 ist die Wärmekapazität c_p und die übertragene Enthalpie Δh des Polyethylens für den Temperaturbereich von $-90°C \leq T \leq +20°C$ dargestellt. Die dargestellten Meßwerte wurden mit einer DSC-Analyse ermittelt.

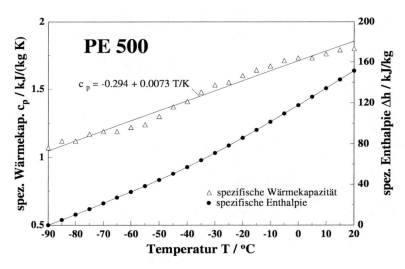

Bild 69: Spezifische Wärmekapazität c_p von Polyethylen.

Die spezifische Wärmekapazität steigt von $c_p = 1.07\,kJ/kg\,K$ bei $T = -90\,°C$ bis $c_p = 1.80\,kJ/kg\,K$ bei $T = +20\,°C$ an. Der temperaturabhängige Verlauf läßt sich mit der Gleichung

$$c_p = -0.294 + 0.00733 \cdot T\,/\,K \tag{62}$$

approximieren.

5.1.5 Versuchsplan und Versuchsdurchführung

Zum Gefrieren von Lebensmitteln mit CO_2-betriebenen Frosteranlagen liegen praxisübliche Betriebstemperaturen im Bereich von -60 °C $\leq T \leq$ -30 °C. Die Betriebstemperatur ist abhängig von der Produktbeschaffenheit, seiner Anfangs- und Endtemperatur sowie der Verweilzeit im Froster. Für Kühlprozesse ohne Gefrieren treten auch Temperaturen mit $T_F \geq -30\,°C$ auf.
Bei den durchzuführenden Laborversuchen werden 3 unterschiedliche Frostertemperaturen bei jeweils 3 verschiedenen Verweilzeiten für die diskontinuierliche und kontinuierliche Betriebsweise eingestellt. Es ergibt sich der Versuchsplan nach Tabelle 11.

Tabelle 11: Versuchsplan der Laborversuche

| Froster- | Verweilzeit | | |
temperatur	10 min	20 min	30 min
-30 °C	X	X	X
-45 °C	X	X	X
-60 °C	X	X	X

Um stationäre Betriebsbedingungen zu erhalten, wird der Froster im Leerlauf, d. h. ohne Kühlgutbelastung, auf die gewünschte Betriebstemperatur T_F abgekühlt. Nachdem die Betriebstemperatur bei eingestellter Bandgeschwindigkeit für mindestens 20 min konstant bleibt, beginnt die Belegung des Transportbandes mit den Fruchtsaftpaketen als Kühlgut. Die Position der Pakete auf dem Band ist in Bild 70 dargestellt und bei allen Versuchen gleich. Die Fruchtsaftpakete liegen flach auf dem Transportband. Acht Pakete sind in einem Abstand von 30 mm quer zur Transportrichtung verteilt. Der Abstand zwischen den Kühlgutreihen beträgt 100 mm.

Nach der in Bild 70 dargestellten Anordnung wird das Transportband fortwährend beschickt. Wenn die ersten Fruchtsaftpakete den Froster passiert haben, wird der Data-Logger mit den Modellpaketen auf das Transportband gelegt. Der Data-Logger registriert in Intervallen von $\Delta t = 5\,s$ einen Meßwert für jeden der 8 angeschlossenen Meßkanäle. Gleichzeitig erfolgt mit der Meßwertaufnahme des Data-Loggers auch die Meßwertaufnahme der übrigen installierten Meßtechnik des Netpac-Moduls bei gleicher Abtastfrequenz. Die Meßdaten der beiden Meßsysteme werden synchron aufgezeichnet und sind mit dem gleichzeitigen Meßstart einander direkt zugeordnet.
Die Positionierung der Modellpakete und der Temperatursensoren des Data-Loggers ist in Bild 67 ersichtlich. Die Meßanordnung umfaßt fünf Modellpakete mit Temperatursensoren, die ebenso wie die Fruchtsaftpakete flach auf dem Transportband liegen. Zwischen den Modellpaketen befindet sich jeweils ein Fruchtsaftpaket. Die Kerntemperatur wird in allen 5 Modellpaketen gemessen, womit sich der Temperaturverlauf über die gesamte Bandbreite registrieren und vergleichen läßt. In den Modellpaketen 5/7/9 wird neben der Kerntemperatur zusätzlich die Oberflächentemperatur an der oberen Modellpaketseite gemessen.

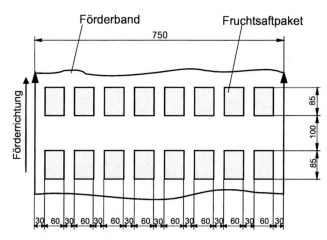

Bild 70: Anordnung der Fruchtsaftpakete auf dem Förderband.

Nachdem das Meßsystem auf dem Transportband positioniert ist, führt man die Belegung mit Fruchtsaftpaketen solange weiter, bis die Modellpakete das Frosterende erreichen. Während der Verweilzeit des Data,-,Loggers im Froster wird der CO_2 - Verbrauch gemessen. Im Anschluß an die Messung erfolgt die Meßdatenübertragung vom Data-Logger an einen bereitstehenden Personal-Computer. Die gefrosteten Fruchtsaftpakete stapelt man auf Hordenwagen in einen temperierten Raum, so daß sie auftauen und bis auf Ausgangstemperatur erwärmen. Die Belegung des Frosterbandes bei gleicher Anfangstemperatur der Fruchtsaftpakete ist damit in allen Versuchsreihen gewährleistet. Die Versuchsdurchführung erfolgt zunächst im Sprühleistenbetrieb. Bei konstanter Betriebstemperatur werden die drei unterschiedlichen Verweilzeiten nacheinander eingestellt, anschließend variiert man die Frostertemperatur. Nach dem Umbau des Frosters finden die gleichen Versuchsreihen im Anlagenbetrieb mit Dosierventil statt.

5.1.6 Versuchsauswertung

Zur Beurteilung der beiden Frosterbetriebsweisen werden folgende Kriterien berücksichtigt.

1. Für die Temperatur im Froster ist ein zeitlich gleichmäßiger Verlauf und der Verlauf über der Kühlstrecke von Bedeutung.
2. Für das Kühlgut ist die Abkühlung während der Verweildauer im Froster zu ermitteln.
3. Zur Leistungsbeurteilung der beiden Frosterbetriebsweisen ist der Kühlmittelverbrauch, bezogen auf die übertragene Kältemenge, ausschlaggebend.

In Tabelle 12 sind für den Tankdruck p_T, für die Anfangstemperatur des Fruchtsaftes T_{KG} und für die Raumtemperatur T_R Mittelwerte der einzelnen Versuchsreihen angegeben.

Tabelle 12: Mittelwerte des Tankdruckes sowie der Raum- u. Produktanfangstemperatur.

Versuch T_F/t	Tankdruck p_T		Kühlguttemp. T_{KG}		Raumtemp. T_R	
	Sprühl.	Ventil	Sprühl.	Ventil	Sprühl.	Ventil
-30 / 10	17.4	17.2	13,5	13,3	14.7	15.0
-30 / 20	17.4	17.2	13,3	13,6	14.3	14.5
-30 / 30	17.4	17.3	13,6	13,5	14.7	14.2
-45 / 10	17.6	17.3	13,7	13,3	14.3	14.5
-45 / 20	17.5	17.0	13,5	13,6	14.9	14.0
-45 / 30	17.4	17.2	13,3	13,6	15.3	14.7
-60 / 10	17.0	17.1	13,6	13,5	14.3	14.2
-60 / 20	16.7	17.3	13,5	13,7	14.5	14.3
-60 / 30	17.5	17.0	13,4	13,6	14.9	10.4

Die Druck- und Temperaturwerte weichen unter den zu vergleichenden Versuchen nur geringfügig voneinander ab. Im Bereich des Tankdruckes von $p_T = 17.5\,bar$ sinkt die verfügbare Kälteleistung um $\Delta h \approx 1.2\,\%$ pro 1 bar Druckzunahme. Die größte Abweichung des Tankdruckes tritt mit $\Delta p_T = 0.6\,bar$ bei der Frostertemperatur von $T_F = -60\,°C$ und $t_F = 20\,min$ auf. Für diesen Versuch steht daher im Frosterbetrieb mit Dosierventil eine um $\Delta h = 0.72\,\%$ verminderte Kälteleistung zur Verfügung. Die maximale Abweichung der Kühlguttemperatur liegt mit $\Delta T = 0.4\,°C$ bei der Frostertemperatur von $T_F = -45\,°C$ und $t_F = 10\,min$ Verweilzeit vor. Die maximale Abweichung der Raumtemperatur liegt mit $\Delta T = 4.5\,°C$ bei der Frostertemperatur von $T_F = -60\,°C$ und $t_F = 30\,min$ Verweilzeit vor. Der Einfluß mehrerer abweichender Randbedingungen kann sich bezüglich der Kälteleistung verstärken oder teilweise gegeneinander aufheben. Bei den nach Tabelle 12 auftretenden Randbedingungen sind die Einflüsse der Abweichungen vom Sprühleistenbetrieb gegenüber dem Betrieb mit Dosierventil gering und können vernachlässigt werden.

In der weiteren Ausführung erfolgt die Versuchsauswertung und der Vergleich der beiden Betriebsweisen exemplarisch für die Frostertemperatur von $T_F = -45\,°C$ bei $t_F = 30\,min$ Verweilzeit. Bei den übrigen Versuchsreihen liegen charakteristisch ähnliche Ergebnisse vor, deren Temperaturverläufe in den Bildern 87 bis Bild 128 aufgeführt sind.

5.1.7 Temperaturverlauf im Linearfroster

Der zeitliche Temperaturverlauf im Froster wird entscheidend von der Art der Kühlmittelzuführung bestimmt. Eine diskontinuierliche Kühlmitteleinspritzung führt zwangsläufig zu höheren Schwankungen der Frostertemperatur als eine kontinuierliche Kühlmittelzuführung.
Für die Zykluszeiten ergibt sich im diskontinuierlichen Frosterbetrieb eine Einsprühzeit von $t_{Sprüh} = 9.5 \pm 1\,s$ und eine anschließende Spüldauer von $t_{Spül} = 4\,s$. Die Sprühpausen ohne CO_2-Einspritzung sind abhängig von der Frosterbelastung und Frostertemperatur. Sie schwanken zwischen $t_{Pause} = 38\,s$ bei der Frostertemperatur von $T_F = -30\,°C$

mit langer Verweilzeit und $t_{Pause} = 16\,s$ bei $T_F = -60\,°C$ mit geringer Verweilzeit. Bei der kontinuierlichen CO_2-Dosierung treten bei konstanter Produktion keine Sprühpausen auf.
Bezüglich der Temperatur-Regelung handelt es sich bei dem Froster um ein chaotisches System. Das Kühlmittel gelangt mit einer Temperatur von $T_{Sub} = -78.7\,°C$ in den Froster. Anschließend verteilen die Ventilatoren das eingesprühte Kühlmittel im Frostertunnel, dabei bewegen sich kalte Schnee/Gas-Bereiche wie Kaltgaswolken turbulent im Frostertunnel. Erreicht ein kalter Schwall den Temperatursensor zur Regelung der Kühlmittel-Einspritzung, so registriert der Sensor eine rasch sinkende Frostertemperatur, was zu einer drastischen Reduzierung der Kühlmittelmenge führen würde, obwohl die mittlere Frostertemperatur höher als der Sollwert ist. Umgekehrtes würde auftreten, wenn ein 'warmer Schwall' den Temperatursensor erreicht. Um derartige Systeme zu stabilisieren, ist eine träge Regelung einzusetzen, so daß sich der Öffnungsgrad des Dosierventils nur langsam verändert. Beim Anfahren der Anlage und bei Sollwertänderungen ist dann jedoch mit einem Überschwingen der Temperatur zu rechnen.
In Bild 71 sind die zeitlichen Temperaturverläufe des Linearfrosters LF 6/75 bei Sprühleistenbetrieb und in Bild 72 bei Dosierventilbetrieb dargestellt. Die eingestellte Frostertemperatur beträgt $T_F = -45\,°C$ bei der Verweilzeit von $t_F = 30\,min$. Die Frosterskizze im rechten oberen Bildausschnitt zeigt das jeweilige Einsprühverfahren und die Orte, an denen die aufgetragenen Temperaturen gemessen werden.

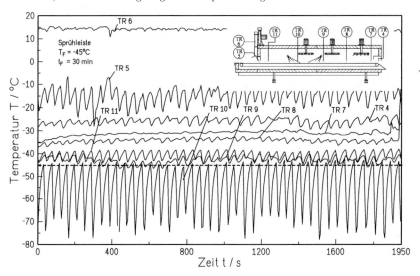

Bild 71: Zeitlicher Temperaturverlauf im Froster bei Sprühleistenbetrieb. $T_F = -45\,°C$ und $t = 30\,min$.

Bei Sprühleistenbetrieb sind in Bild 71 große Schwankungen des Temperaturverlaufs ersichtlich. Die periodischen Temperaturschwankungen spiegeln die Einsprühzyklen wieder. Besonders an der Meßstelle TR 10, die sich im direkten Einflußbereich des Kühlmittelsprühstrahles befindet, treten die höchsten Temperaturunterschiede bis zu $\Delta T = 30\,°C$ auf. Die mittlere Temperatur beträgt hier $T_{TR\,10} = -55.5\,°C$ bei einer Standardabweichung von $S = 9.9\,°C$. Infolge der Mischwirkung durch die Ventilatoren klingen die Temperaturschwankungen in Richtung Frosterende bis zur Meßstelle TR 7 ebenso wie zum Frosteranfang bis TR 11 ab. An den Meßstellen TR 5 am Frostereingang und TR 4 am Frosterausgang sind die Amplituden höher als an den benachbarten Temperatur-Sensoren TR 11 und TR 7 innerhalb des Frosters. Dies läßt sich dadurch begründen, daß die beiden äußeren Meßstellen im Bereich extremer Temperaturunterschiede angebracht sind. Während der Kühlmitteleinspritzung strömt kaltes CO_2-Gas vom Inneren des Frosters an der Produkteingabe und der Produktausgabe nach außen, womit die Temperatur an den beiden Meßstellen TR 4 und TR 5 sinkt. Während der Sprühpausen dringt wärmere Umgebungsluft an diese Meßstellen, so daß höhere Temperaturschwankungen auftreten als innerhalb des Frostertunnels. An der Meßstelle TR 6 mit $\overline{T}_{TR\,6} \approx +14\,°C$ ist bei zugemischter Warmluft ein geringes Temperaturrauschen erkennbar. Neben den zeitlichen Temperaturschwankungen ist im Frostertunnel auch eine breite Streuung der örtlichen Temperaturen zwischen $-55°C \leq T_F \leq -25°C$ um den eingestellten Sollwert von $T_F = -45\,°C$ zu verzeichnen.

Nach Bild 72 sind die Temperaturschwankungen im Frosterbetrieb mit Dosierventil ge-

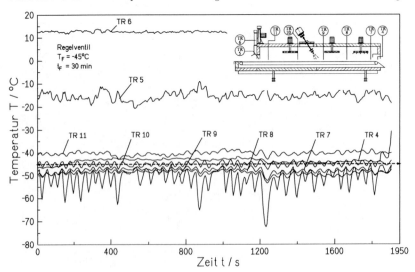

Bild 72: Zeitlicher Temperaturverlauf im Froster bei Dosierventilbetrieb.
$T_F = -45\,°C$ und $t = 30\,min$.

genüber dem Sprühleistenbetrieb wesentlich geringer. Der Temperaturmittelwert beträgt im Sprühbereich $\overline{T}_{TR\,9} = -51.5\,°C$ bei einer Standardabweichung von $S = 4.4\,°C$. Die übrigen Temperaturmeßstellen innerhalb des Frostertunnels zeigen ebenfalls einen gleichmäßigeren zeitlichen Temperaturverlauf als im Sprühleistenbetrieb. Der nahezu konstante Temperaturverlauf TR 4 am Frosterausgang läßt hier auf einen ausgeglicheneren Zustand zwischen kaltem CO_2-Gas im Froster und warmer Außenluft schließen. An der Produkteingabe ist der Temperaturverlauf TR 5 zwar unregelmäßig, jedoch gegenüber dem Sprühleistenbetrieb ebenfalls wesentlich geglättet. Der Temperaturverlauf TR 6 zeigt bei zugemischter Luft keinen Unterschied zwischen Sprühleistenbetrieb und Verwendung des Dosierventils.

Eine Berechnung der Mittelwerte der zeitlichen Temperaturverläufe jeder Meßstelle ermöglichen die Darstellung des Temperaturverlaufs über der Kühlstrecke. Diese sind in den Bildern 73 und 74 für die Frostertemperatur $T_F = -45\,°C$ für die drei Verweilzeiten $t_F = 10\,min\,/\,20\,min\,/\,30min$ dargestellt.

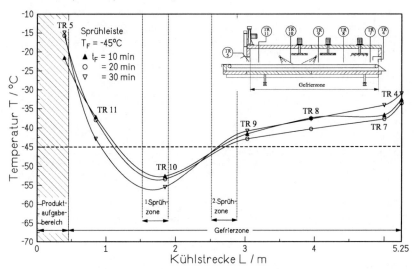

Bild 73: Temperaturverlauf über der Kühlstrecke bei Sprühleistenbetrieb. $T_F = -45\,°C$, $t_F = 10/20/30\,min$.

Im Sprühleistenbetrieb steigt die Temperatur TR 5 an der Produkteingabe mit zunehmender Verweilzeit t_F an. Je länger die Verweilzeit ist, umso geringer ist der Kühlgut-Durchsatz und entsprechend länger die Sprühpausen, in denen die Temperatur an der Produkteingabe durch warme Außenluft ansteigt. Innerhalb der Gefrierzone kehren sich die Temperaturverläufe um. Da das Kühlgut bei hoher Verweilzeit langsam in den Froster gefördert wird, kann es im vorderen Bereich der Gefrierzone stärker vorkühlen als bei geringer Verweilzeit. Dies hat zur Folge, daß sich tiefere Temperaturen bei langer Verweilzeit am Anfang der Gefrierzone einstellen. Das Minimum der Temperaturkurve verschiebt sich bei langer Verweilzeit geringfügig zum Gefrierzonenanfang. Hieraus läßt sich folgern, daß es günstiger ist, die Installation der Sprühleisten bei langen Verweilzeiten bzw. niedrigen Bandgeschwindigkeiten weiter zum Frosterausgang zu verlagern.

Dies ist jedoch nur schwer zu realisieren, da häufige Produktwechsel auftreten, die meist auch eine veränderte Verweilzeit beinhalten.

Nach dem Bereich der ersten Sprühzone steigt die Frostertemperatur von $T_F \approx -55\,°C$ auf $T_F \approx -40\,°C$ im hinteren Bereich der 2. Sprühzone an. Das Temperaturminimum erscheint in Bild 73 nicht in der Mitte zwischen den beiden Sprühzonen, sondern ist zum Frosteranfang verschoben. Zur Erklärung lassen sich zwei Gründe anführen. Zum einen wird das Kaltgas infolge der Absaugung an der Produkteingabe zum Frosteranfang gesaugt, zum anderen entsteht der Kurvenverlauf durch die Anordnung der Meßfühler und der verwendeten Spline-Funktion zur Verbindung der Meßwerte im Diagramm. Würde die Meßstelle TR 9 etwas näher zur Produkteingabe in den Bereich der 2. Sprühzone verschoben, so würde eine niedrigere Temperatur TR 9 registriert, womit sich das Minimum weiter zur Mitte zwischen die beiden Sprühzonen verschieben würde.

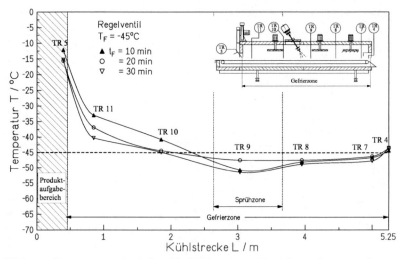

Bild 74: Temperaturverlauf über der Kühlstrecke im Betrieb mit Dosierventil. $T_F = -45\,°C$, $t_F = 10/20/30\,min$.

Im hinteren Bereich des Gefriertunnels steigt die Temperatur bis auf $\bar{T}_{TR\,7} = -36.1\,°C$ an. Alle Temperaturen hinter der 2. Sprühzone sind wärmer als die eingestellte Frostersolltemperatur von $T_F = -45\,°C$. Für den Temperaturanstieg im hinteren Teil der Gefrierzone läßt sich keine Abhängigkeit von der Verweilzeit erkennen. Der Temperaturverlauf wird von der Temperatur des Kühlgutes sowie den verwirbelnden Strömungen der Ventilatoren und der Absaugung bestimmt.

Im Anlagenbetrieb mit Dosierventil zeigt sich für den Temperaturverlauf TR 5 an der Produkteingabe ebenso wie am Frosteranfang innerhalb des Gefriertunnels eine sinkende Temperatur. Mit zunehmender Verweilzeit sinkt die Temperatur am Frosteranfang. Daraus folgt auch hier, daß es günstiger ist, das Ventil bei langen Verweilzeiten weiter zum Frosterende zu verschieben, da dann das Kaltgas zur Produktvorkühlung besser ausgenutzt werden kann. Gegenüber dem Sprühleistenbetrieb liegt hier ein geringeres

Temperaturminimum in der Sprühzone vor. Da das Dosierventil in Richtung Frosterausgang sprüht und nicht, wie bei den Sprühleisten, gegeneinander gesprüht wird, ist das Temperaturminimum weniger ausgeprägt als dies beim Sprühleistenbetrieb im Kühlstreckenbereich zwischen $1.3\,m \leq L \leq 2\,m$ der Fall ist.

Im Bereich der Sprühzone liegt am Meßort TR 9 ein unsystematischer Frostertemperaturverlauf in bezug auf das Verweilzeitverhalten vor. Hinter der Sprühzone zeigen die Frostertemperaturen einen einheitlichen Verlauf mit nahezu gleicher Temperatur bei allen Verweilzeiten. Bild 75 zeigt die Temperaturverläufe der beiden Betriebsweisen,

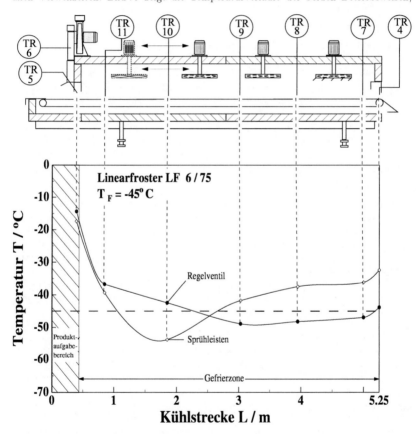

Bild 75: Gemittelte Temperaturverläufe aller Verweilzeiten bei dem Frosterbetrieb mit Sprühleisten und Dosierventil.

wobei für jeden Meßort ein Temperaturmittelwert aller drei Verweilzeiten gebildet wurde. Für die unterschiedlichen Dosierverfahren lassen sich charakteristische Temperaturverläufe feststellen. Für den Frosterbetrieb mit Dosierventil zeigen die Temperaturverläufe eine bessere Annäherung an die Frostersolltemperatur als im Sprühleistenbetrieb. Bei den in der Gefrierzone gemessenen Frostertemperaturen liegt eine Standardabweichung vom Sollwert $T_F = -45\,°C$ von $S_S = 8.5\,°C$ bei Verwendung der Sprühleisten und von $S_D = 4.6\,°C$ bei Dosierventilbetrieb vor. Aus dem Diagramm in Bild 75 geht hervor, daß der kälteste Bereich bei Benutzung der Sprühleisten im vorderen Teil des Frosters auftritt, bei Benutzung des Dosierventils verschiebt sich der kälteste Bereich zum hinteren Teil des Frosters, was zu einer konstanteren Temperaturdifferenz zwischen der Frosteratmosphäre und dem abkühlendem Produkt führt.

5.1.8 Temperaturverlauf in Polyethylen - Modellpaketen

Zur Ermittlung der Temperaturverläufe im Kühlgut werden die im Kapitel 5.1.4 dargestellten und beschriebenen Modellpakete aus Polyethylen mit Temperatursensoren und Meßdatenspeicher (Data,-,Logger) benutzt. Fünf Temperatursensoren sind im Kern und drei Temperatursensoren unter der Oberfläche der Modellpakete positioniert. Bild 76 zeigt die Temperaturverläufe in den Polyethylen - Modellpaketen bei der Frostertemperatur $T_F = -45\,°C$ und der Verweilzeit $t_F = 30\,min$ über der Kühlzeit und -strecke für die Konfiguration mit Sprühleisten und Bild 77 die Konfiguration mit Dosierventil. Die Mittelwerte der Temperaturverläufe im Kern und der Oberfläche der Polyethylen - Modellpakete aller übrigen im Versuchsplan aufgeführten Versuchsreihen befinden sich im Anhang mit den Bildern 111 bis 128.

Im Betrieb mit Sprühleisten zeigt Bild 76, daß die Temperaturen in den Modellpaketen als auch unter der Oberfläche bei Meßbeginn an der Produkteingabe $T \approx +15\,°C$ betragen. Sobald die Modellpakete in den Frostertunnel gelangen, weisen Kerntemperatur und Oberflächentemperatur unterschiedliche Verläufe auf. Während die drei Oberflächentemperaturen bis zum Ende der ersten Sprühzone nahezu gleich sind, divergiert der Kerntemperaturbereich, wobei das Modellpaket 5 mit TR 24 in der Bandmitte am schnellsten abkühlt. Die Kerntemperatur - Spreizung nimmt bei weiterem Transport durch den Froster zu. Die maximale Temperaturdifferenz tritt zwischen der linken Frosterseite und der Frostermitte im Bereich hinter der 2. Sprühzone bei der Kühlstrecke $L \approx 3.2\,m$ mit $\Delta T = 4.8\,°C$ auf.
Der Einfluß der Sprühzonen auf den Abkühlvorgang ist am Verlauf der Oberflächentemperaturen hinter der 1. Sprühzone bei der Kühlstrecke $L \approx 2\,m$ besonders bei dem mittleren Modellpaket mit TR 23 erkennbar. Daß sich die Abkühlung erst hinter dem in Bild 76 eingezeichneten Sprühbereich erkennbar macht, ist zum einen von der jeweiligen Einsprühphase abhängig, zum anderen können die Ventilatoren eine Verzerrung der Sprühzonen gegenüber den eingezeichneten, ohne Ventilatorbetrieb vermessenen Sprühzonen, hervorrufen. Im Bereich hinter der 1. Sprühzone bis hinter der 2. Sprühzone sind die Einsprühphasen an den wiederkehrend steilen Temperaturgradienten zu erkennen.
Hinter der 2. Sprühzone ab $L \approx 3\,m$ konvergieren die Temperaturverläufe, die Temperaturen gleichen sich innerhalb der Modellpakete und untereinander an. Bei der Kühlstrecke $L \approx 4\,m$ ist die maximale Abkühlung der Modellpakete erreicht, danach findet eine geringe Erwärmung statt. Am Frosterende liegt ein Temperaturbereich von $-37.1\,°C \leq T_{KG} \leq -38.8\,°C$ vor.

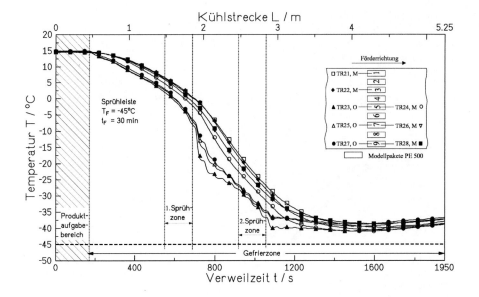

Bild 76: Temperaturverlauf in Modellpaketen bei der Abkühlung im Frosterbetrieb mit Sprühleisten. $T_F = -45\,°C$, $t_F = 30\,min$.

Unter Einbeziehung der im Anhang (Bild 93 und 110) befindlichen Versuchsreihen für den Sprühleistenbetrieb bei variierenden Frostertemperaturen und Verweilzeiten ist zu erkennen, daß über die Transportbandbreite ein wiederkehrendes Profil der Modellpakettemperaturen auftritt. In der Frostermitte sind die tiefsten und an den Seiten des Transportbandes die höchsten Temperaturen innerhalb der Modellpakete zu erkennen. Weiterhin fällt auf, daß die Temperatur zunächst auf der rechten Frosterseite und im hinteren Bereich auf der linken Seite niedriger ist. Unter der Voraussetzung symmetrischer Sprühzonen läßt sich die Temperatur-Polarisierung nur auf Strömungsverhältnisse im Froster zurückführen. Strömungen im Froster stehen unter dem Einfluß der Absaugung, der rechtsdrehenden Ventilatoren und dem Strömungsimpuls der Kühlmittel-Strahlen. Exakte Strömungsverhältnisse können nicht angegeben werden, da hohe Turbulenzen vorliegen und sich kein stationärer Strömungsverlauf einstellt.

Bei Verwendung des Dosierventils zeigt Bild 77 bei Meßbeginn unterschiedliche Temperaturen von $T_{KG} = +14.0\,°C$ und $T_{KG} = +15.4\,°C$. Getrennte Verläufe zwischen Kern- und Oberflächentemperatur mit stärkerer Abkühlung der Oberfläche liegen analog zum Sprühleistenbetrieb vor. Bis zu Beginn der Sprühzone läßt sich aus den Kern- und den Oberflächentemperaturkurven eine stärkere Abkühlung in der Frostermitte als an den Seiten erkennen. Die Kern- als auch Oberflächentemperaturen weisen untereinander nur geringe Abweichungen auf. Im vorderen Bereich der Sprühzone liegen bei der Kühlstrecke von $L \approx 3\,m$ in allen Modellpaketen fast identische Oberflächentemperaturen und identische Kerntemperaturen vor. Im weiteren Verlauf der Kühlstrecke divergieren die Temperaturverläufe unter dem Einfluß des Kühlmittel-Strahles. Die maximale Differenz der Kerntemperatur tritt mit $\Delta T \approx 4\,°C$ bei der Kühlstrecke $L \approx 4\,m$ auf, danach konvergieren die Temperaturverläufe, bis am Frosterende Temperaturen von $-47.4\,°C \geq T_{KG} \geq -49.5\,°C$ und damit eine Temperaturdifferenz von $\Delta T = 2.1°C$ vorliegt. Die Kerntemperaturen verlaufen über der gesamten Kühlstrecke bis zum Frosterausgang monoton fallend, die Temperatur steigt am Frosterende nicht an.

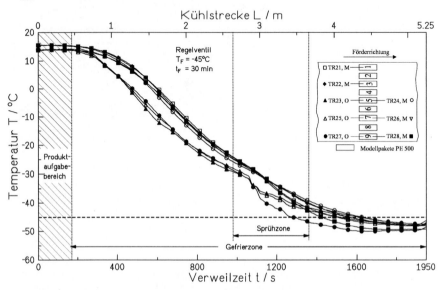

Bild 77: Temperaturverlauf in Modellpaketen bei der Abkühlung im Frosterbetrieb mit Dosierventil. $T_F = -45\,°C$, $t_F = 30\,min$.

Charakteristisch zeigt sich, daß die Kern- und Oberflächentemperatur hinter der Sprühzone an den Seiten (TR 21 u. TR 28) des Transportbandes stärker sinken als in der Frostermitte (TR 24). Die Temperaturverteilung verhält sich damit umgekehrt gegenüber dem Sprühleistenbetrieb, bei dem in der Frostermitte tiefere Temperaturen als an den Seiten auftreten. Bei Betrachtung der Kerntemperaturen an der linken (TR 21) und rechten (TR 28) Transportbandseite erkennt man tiefere Temperaturen an der rechten Seite.

Zur besseren Beurteilung des Temperaturverlaufs über der Frosterbreite sind in Bild 78 die Kerntemperaturen der Modellpakete an unterschiedlichen Orten der Kühlstrecke für die Frosterkonfiguration mit Sprühleisten und mit Dosierventil aufgetragen. Bei Sprühleistenbetrieb ist die Kerntemperatur bis zur Kühllänge von $L = 1\,m$ über der Bandbreite konstant. Danach beginnt eine stärkere Abkühlung in der Frostermitte und eine geringere Abkühlung der linken Frosterseite gegenüber der rechten Seite. Bei der

Kühllänge von $L = 4\,m$ treten die niedrigsten Temperaturen von ca. -40 °C auf. Bis zum Frosterende steigt die Temperatur dann wieder um ca. 2 °C an, wobei jedoch ein Ausgleich über der Frosterbreite mit geringfügig niedrigeren Temperaturen auf der linken Seite entsteht.

Aus Bild 78 wird für den Sprühleistenbetrieb analog zu Bild 76 die Erwärmung der Modellpakete im Bereich der Kühlstrecke zwischen $L = 4.0\,m$ und $L = 5.25\,m$ deutlich, was als signifikanter Unterschied zum Dosierventilbetrieb zu erkennen ist.

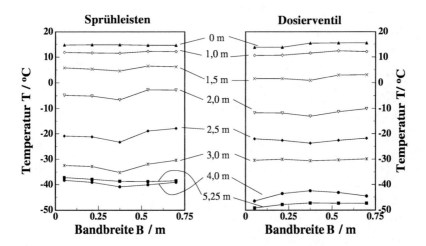

Bild 78: Kerntemperaturen der Modellpakete über der Bandbreite bei unterschiedlichen Kühlstrecken. $T_F = -45\,°C$, $t_F = 30\,min$.

Bei Verwendung des Dosierventils ist an der Produkteingabe eine asymmetrische Temperaturverteilung vorhanden, die bis zur Kühlstrecke $L = 3\,m$ vollständig abgebaut ist. Bei $L = 4.0\,m$ ist der Einfluß des Sprühstrahls erkennbar, der die Modellpakete an den Frosterseiten stärker kühlt als in der Frostermitte. Zum Frosterende bei $L = 5.25\,m$ schwindet das Temperaturprofil fast vollständig, die Temperaturunterschiede über der Bandbreite sind beim Verlassen des Frosters gering. Die Temperaturverläufe sind bei Verwendung des Dosierventils gleichmäßiger als bei Sprühleistenbetrieb.

Aus Bild 78 geht eine hinreichend gleichmäßige Temperaturverteilung über der Bandbreite für beide Sprühverfahren hervor. Um Aussagen über das Abkühlverhalten der Modellpakete bei den unterschiedlichen Frosterbetriebsweisen zu treffen, ist es daher ausreichend, die mittleren Kerntemperaturen aller Modellpakete zu betrachten. Es ist nicht notwendig, die einzelnen Temperaturkurven zu betrachten.

In Bild 79 sind die für die Modellpakete und für die 3 Verweilzeiten gemittelten Kerntemperaturen bei Sprühleisten- und Dosierventilbetrieb sowie die zugehörigen Frostertemperaturverläufe über der Kühlzeit und -strecke aufgetragen. Die Solltemperatur für den Froster beträgt $T_{Soll} = -45°C$. Mit gleichen Anfangstemperaturen an der Produkteingabe kühlen die Modellpakete im Bereich der Kühlstrecke zwischen $L = 1.5\,m$ und $L = 2.5\,m$ bei Verwendung des Dosierventils gegenüber den Sprühleisten stärker ab, obwohl die Frostertemperatur in diesem Bereich bei Sprühleistenbetrieb geringer ist. Zwischen $L = 2.5\,m$ und $L = 3.5\,m$ gleichen sich die Temperaturen nahezu an.

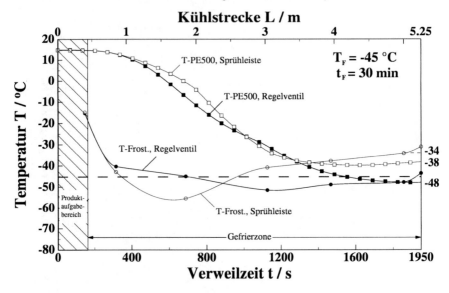

Bild 79: Kerntemperatur im PE 500 bei Sprühleisten- und Dosierventilbetrieb mit den zugehörigen Frostertemperaturen. $T_F = -45°C$, $t_F = 30\,min$.

Im weiteren Verlauf ist keine nennenswerte Abkühlung für den Sprühleistenbetrieb zu verzeichnen, hingegen tritt bei Dosierventilbetrieb eine weitere Abkühlung bis zum Frosterende auf. Die Temperaturen der Modellpakete nähern sich im hinteren Bereich der Kühlstrecke den Frostertemperaturen an. Im Sprühleistenbetrieb ist die Temperatur in den Modellpaketen ab der Kühlstrecke von $L \approx 3.5\,m$ geringer als die Frostertemperatur, was zu der in den Bildern 76 und 78 verzeichneten Rückerwärmung der Modellpakete führt. Am Frosterende liegt eine Temperatur der Modellpakete von $T_{S,E} = -38°C$ bei einer Frostertemperatur von $T_F = -34°C$ vor. Für den Betrieb mit Dosierventil ist die monotone Abkühlung der Modellpakete bis zum Frosterende erkennbar, wobei im Froster und in den Modellpaketen am Frosterende eine nahezu einheitliche Temperatur von $T = -48°C$ vorliegt. Der Anstieg der Frostertemperatur am Frosterausgang rührt aus einer Vermischung mit Umgebungsluft. Die Abkühlung der Modellpakete ist bei Dosierventilbetrieb um $\Delta T = 10°C$ intensiver als bei Sprühleistenbetrieb.

5.1.9 Leistungsvergleich der Sprühverfahren im Laborversuch

Die Auswertung der Kern- und Oberflächen-Temperaturverläufe zeigt bei allen Versuchsreihen eine höhere Abkühlung der Modellpakete im Frosterbetrieb mit Dosierventil gegenüber dem Sprühleistenbetrieb. Die erhöhte mittlere Kernabkühlung aller Versuchsreihen beträgt nach Tabelle 13 zwischen $\Delta T = 0.2\,°C$ und $\Delta T = 9.9\,°C$, dies entspricht einer prozentualen Steigerung von 0.7 % bis 18.8 %.

Tabelle 13: Mittlere Kerntemperaturen vor und nach dem Frosten.

Versuch	Anfangstemp. $\overline{T}_1$ / °C		Endtemp. $\overline{T}_2$ / °C		Abkühlung ΔT_{1-2} / °C		Diff. ΔT_{DV-SL}	Diff.
T_F / t_F	SL	DV	SL	DV	SL	DV	°C	%
30/10	14.3	14.8	-8.5	-9.6	22.8	24.4	1.6	7.0
30/20	13.9	14.6	-23.1	-26.4	37.0	41.0	4.1	11.0
30/30	14.5	13.9	-25.5	-30.3	40.0	44.2	4.2	10.4
45/10	14.7	14.0	-16.4	-17.3	31.1	31.3	0.2	0.7
45/20	14.7	14.3	-35.8	-38.4	50.5	52.7	2.3	4.5
45/30	14.5	14.8	-38.2	-47.8	52.7	62.6	9.9	18.8
60/10	14.7	13.9	-24.1	-25.9	38.8	39.9	1.1	2.8
60/20	14.6	13.8	-49.0	-53.8	63.6	67.6	4.0	6.3
60/30	14.7	11.5	-54.7	-63.6	69.4	75.1	5.8	8.3

SL - Sprühleisten;   DV - Dosierventil

Die erhöhte mittlere Abkühlung der Oberfläche beträgt nach Tabelle 14 zwischen $\Delta T = 2.1\,°C$ und $\Delta T = 9.5\,°C$, was einer prozentualen Steigerung von 6.0 % bis 18.4 % entspricht.

Tabelle 14: Mittlere Oberflächentemperaturen vor und nach dem Frosten

Versuch	Anfangstemp. $\overline{T}_1$ / °C		Endtemp. $\overline{T}_2$ / °C		Abkühlung ΔT_{1-2} / °C		Diff. ΔT_{DV-SL}	Diff.
T_F / t_F	SL	DV	SL	DV	SL	DV	°C	%
30/10	14.6	14.9	-11.6	-14.6	26.1	29.5	3.4	13.0
30/20	13.9	14.7	-23.2	-28.2	37.1	42.8	5.7	15.4
30/30	14.6	14.0	-24.6	-30.7	39.2	44.7	5.5	14.0
45/10	14.8	14.2	-20.4	-23.9	25.2	38.0	2.8	8.0
45/20	14.8	14.4	-36.5	-41.1	51.3	55.5	4.2	8.2
45/30	14.9	14.5	-36.7	-46.6	51.6	61.1	9.5	18.4
60/10	14.8	14.2	-30.2	-32.9	45.0	47.1	2.1	6.0
60/20	14.6	14.2	-49.3	-55.8	63.9	70.0	6.0	10.2
60/30	14.7	11.5	-53.8	-64.2	68.5	75.7	7.1	10.4

Aus den gemessenen Temperaturverläufen und der temperaturabhängigen Wärmekapazität $c_p(T)$ des Polyethylens nach Gleichung (62) läßt sich mit Gleichung (63) die den Modellpaketen entzogene Wärmemenge q berechnen.

$$q = \int_{\overline{T}_1}^{\overline{T}_2} c_p(T)\, dT \qquad (63)$$

Als Temperaturmittelwerte $\overline{T}_1$ am Anfang und $\overline{T}_2$ am Ende der Abkühlung können arithmetische Mittelwerte aus den Kern- und Oberflächentemperaturen zur Berechnung in Gleichung (63) eingesetzt werden, wenn sich Kern- und Oberflächentemperaturen der einzelnen Modellpakete näherungsweise angleichen. Für die mittlere Temperatur am Frosteranfang ist dies bei allen Versuchsreihen möglich. Nach den Bildern 93 und 110 im Anhang gleichen sich Kern- und Oberflächentemperaturen am Frosterende jedoch besonders bei kurzen Verweilzeiten und tiefen Frostertemperaturen weniger an. Zur Berechnung der übertragenen Wärmemenge q setzt man daher integrale Temperaturmittelwerte am Frosterende an.

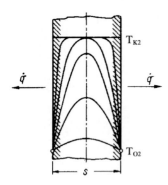

Bild 80: Temperaturverlauf bei instationärer Abkühlung einer Platte [44].

Entsprechend Bild 80 wird zur Berechnung des integralen Mittelwertes $\overline{T}_2$ am Frosterende näherungsweise von einem eindimensionalen symmetrischen Temperaturprofil in den Modellpaketen ausgegangen. Der Temperaturverlauf in den Modellpaketen soll einer quadratischen Funktion des Typs $T = T_{K,2} - A \cdot s^2$ entsprechen. Der integrale Temperaturmittelwert berechnet sich dann zu

$$\overline{T}_2 = \overline{T}_{K,2} - \frac{1}{3}\left(\overline{T}_{K,2} - \overline{T}_{O,2}\right) \qquad (64)$$

Die berechneten mittleren Anfangs- und Endtemperaturen sowie die daraus nach Gleichung (63) berechneten übertragenen Wärmemengen q sind in Tabelle 15 eingetragen. Mit dem Dosierventil zeigt sich eine erhöhte Wärmeübertragung von $1.8\,kJ/kg \leq \Delta q \leq 13.7\,kJ/kg$, was einer prozentualen Steigerung von $3.2\,\% \leq \Delta q \leq 14\,\%$ entspricht.

Um die Effizienz der Frosterbetriebsweisen zu überprüfen, reicht der Vergleich der aufgeführten Temperaturen bzw. die Berechnung der übertragenen Wärmemenge nicht aus. Es bedarf zusätzlich einer Überprüfung der verbrauchten Kühlmittelmenge $\dot{M}_{CO_2}$, die sich aus der Wägung des Tankinhaltes und der Versuchszeit bei gleicher Frosterbeladung ergibt.

Die in Tabelle 16 dargestellten Meßergebnisse zeigen bei allen Versuchsreihen eine Kühlmitteleinsparung bei Dosierventilbetrieb. Der CO_2-Minderverbrauch beträgt

Tabelle 15: Zu den Modellpaketen übertragene Wärmemengen.

Versuch	Sprühleisten			Dosierventil			Diff.	
	mittl. Temp.		Wärme	mittl. Temp.		Wärme	Δq_{DV-SL}	
	Anfang T/°C	Ende T/°C	q kJ/kg	Anfang T/°C	Ende T/°C	q kJ/kg	q kJ/kg	%
30/10	14.4	-9.5	-41.1	14.8	-11.3	-44.7	-3.6	8.1
30/20	13.9	-23.1	-61.7	14.6	-27.0	-68.8	-7.1	10.3
30/30	14.5	-25.2	-65.9	13.9	-30.4	-72.6	-6.7	9.2
45/10	14.7	-17.7	-54.7	14.1	-19.5	-56.5	-1.8	3.2
45/20	14.7	-36.0	-82.2	14.3	-39.3	-86.2	-4.0	4.6
45/30	14.6	-37.7	-84.5	14.7	-47.4	-98.2	-13.7	14.0
60/10	14.7	-26.1	-67.7	14.0	-28.2	-69.5	-1.8	6.4
60/20	14.6	-49.1	-100.3	13.9	-54.5	-106.1	-5.8	5.5
60/30	14.7	-54.4	-107.5	11.5	-63.8	-113.6	-6.1	5.4

$7.6\,kg/h \leq \Delta \dot{M} \leq 27.4\,kg/h$. Die prozentuale Einsparung beträgt $9.7\,\% \leq \Delta M \leq 15.9\,\%$. Bei den in Tabelle 16 dargestellten Werten fällt im Vergleich zu den Werten der Tabelle 15 auf, daß eine hohe Kühlmitteleinsparung dann vorliegt, wenn bei der übertragenen Wärmemenge relativ geringe Steigerungen auftreten. Umgekehrt verzeichnet man eine geringe Kühlmitteleinsparung bei hoher Steigerung der übertragenen Wärmemenge.

Tabelle 16: Kühlmittel - Verbrauch bei Sprühleisten und Dosierventilbetrieb.

Versuch	CO_2 - Verbrauch $\dot{M}_{CO_2}$ / kg/h		Diff. $\Delta \dot{M}_{CO_2}$ kg/h	Diff. %
	SL	DV		
30/10	101.8	88.6	13.2	13.0
30/20	89.4	79.2	10.2	11.4
30/30	78.3	70.7	7.6	9.7
45/10	146.9	123.6	23.3	15.9
45/20	116.8	99.9	16.9	14.5
45/30	106.6	94.6	12.0	11.3
60/10	182.5	155.1	27.4	15.0
60/20	151.1	127.8	23.3	15.4
60/30	133.8	116.4	17.4	13.0

Aus den beiden Tabellen 15 und 16 läßt sich insgesamt feststellen, daß die übertragene Wärmemenge bei gleichzeitiger Kühlmitteleinsparung im Frosterbetrieb mit dem Dosierventil gegenüber dem Sprühleistenbetrieb in allen Versuchsreihen steigt. Eine endgültige Aussage über die Effizienz der Frosterbetriebsweise ist mit einem Vergleich des spezifischen Kühlmittelverbrauchs $\dot{m}_{CO_2}$ unter gleichzeitiger Berücksichtigung der übertragenen Wärmemenge q möglich. Diese Betrachtung erfolgt mit der Annahme, daß Veränderungen der übertragenen Wärmemenge in den Fruchtsaft-Belastungsmassen ebenso auftreten, wie in den Modellpaketen. Damit läßt sich die Steigerung der übertragenen Wärmemenge der Modellpakete auf die Produktmenge übertragen d. h., die prozentuale Steigerung der übertragenen Wärmemenge würde auch zu einer äquivalenten Steigerung der Produktmenge bei konstanter Abkühlung führen. Nach Tabelle 17 läßt sich unter dieser Annahme eine Gesamtleistungssteigerung des Frosters bei Einsatz des Dosierventils gegenüber der herkömmlichen Betriebsweise mit Sprühleisten zwischen $16.4\,\% \leq \Delta P \leq 22.7\,\%$ berechnen.

Tabelle 17: Leistungsvergleich zwischen Sprühleistenbetrieb und Dosierventil.

Versuch	tatsächl. Kühlgutmenge $\dot{M}_{KG}$ kg/h	mit DV erhöhte Abkühlung Δq_{DV-SL} %	äquival. Kühlgutmenge $\dot{M}_{äq}$ kg/h	spezif. Kühlmittel Verbrauch $m_{CO_2}/kg_{CO_2}/kg_{KG}$ SL	DV	Leistungssteigerung mit DV ΔP %
30/10	249	8.8	271	0.41	0.33	19.5
30/20	125	11.5	139	0.72	0.57	20.8
30/30	83	10.2	91	0.94	0.78	17.0
45/10	249	3.3	257	0.59	0.48	18.6
45/20	125	4.9	131	0.93	0.76	18.2
45/30	83	16.2	96	1.28	0.99	22.7
60/10	249	2.7	256	0.73	0.61	16.4
60/20	125	5.8	132	1.21	0.97	19.8
60/30	83	5.7	88	1.61	1.32	18.0

Anders ausgedrückt bedeutet diese Leistungssteigerung der Laborversuche, daß bei gleicher Produktmenge und gleicher Abkühlung im Anlagenbetrieb mit Dosierventil gegenüber dem Sprühleistenbetrieb zwischen 16.4 % und 22.7 % weniger Kühlmittel verbraucht wird.

Die oben aufgeführten Ergebnisse wurden aus Temperaturmessungen in Polyethylen-Modellpaketen gewonnen, bei denen im Gegensatz zu realem Lebensmittel-Kühlgut keine Phasenumwandlung stattfindet. Zur Kontrolle einer Übertragbarkeit der gewonnen Ergebnisse wird ein Laborversuch mit Temperaturmessungen in sogenannter *Karlsruher Prüfmasse* durchgeführt. Die von Riedel [98] entwickelten Prüfmassen sind nach DIN 8953, DIN 8954 und ISO 5155.2 genormt und entsprechen dem Abkühlverhalten von magerem Rindfleisch mit einer Temperatur bei Gefrierbeginn von $T_{GA} \approx -1\,°C$.

Zur Kerntemperaturmessung wird ein Temperatursensor mittig zwischen zwei flach aufeinandergeklebte Prüfmassen mit den Abmaßen 100 x 50 x 12,5 mm und je einer Masse von $M = 62.5\,g$ plaziert. Eine Oberflächentemperaturmessung findet nicht statt. Als Versuchsparameter wird eine Frostertemperatur von $T_F = -60\,°C$ bei der Verweilzeit von $t_F = 30\,min$ eingestellt. Der Versuchsablauf entspricht dem für die Polyethylen - Modellpakete in Kapitel 5.1.5 beschriebenen Ablauf. Der Versuch dient gleichzeitig der Kontrolle einer Reproduzierbarkeit des Kühlmittelverbrauchs und des Temperaturverlaufs über der Frosterlänge zu den Versuchen bei identischen Parametern mit Polyethylen - Prüfpaketen.

In Bild 81 sind die gemittelten Kern- und Frostertemperaturen beider Betriebsweisen für die Versuche mit Karlsruher Prüfmasse über der Kühlzeit und -strecke dargestellt. Während der Phasenumwandlung in der Prüfmasse ist die Temperatur nahezu konstant. Zum Ende der Kristallisation setzt eine deutliche Temperaturabnahme ein, die

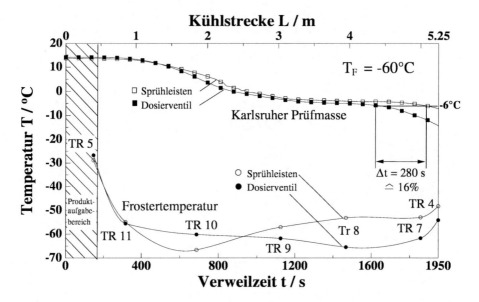

Bild 81: Kerntemperatur der Karlsruher-Prüfmasse und Frostertemperaturen über der Verweilzeit. $T_F = -60\,°C$ und $t_F = 30\,min$.

im Betrieb mit Dosierventil nach einer Verweilzeit von $T = 1625\,s$ frühzeitiger beginnt als bei Sprühleistenbetrieb mit $T = 1905\,s$. Die tatsächlich übertragene Wärmemenge läßt sich infolge des unbekannten Kristallisationsgrades nicht bestimmen. Ein Vergleich der Abkühlintensität wird daher bezüglich der Kerntemperatur und der Gefrierdauer durchgeführt. Dabei vergleicht man den Beginn der Temperaturabnahme mit $T = -6°C$ zum Ende der Phasenumwandlung in den Karlsruher Prüfmassen. Im Betrieb mit Dosierventil wird die Temperatur von $T = -6°C$ um $\Delta t = 280\,s$ früher als beim Kühlverfahren mit Sprühleisten erreicht. Bezogen auf die Verweilzeit in der Gefrierzone von $t = 1800\,s$ entspricht dies einer Gefrierzeitverkürzung von 15.6 %. Neben der schnelleren Abkühlung tritt auch eine Minderung des Kühlmittel - Verbrauchs von 10.4 % gegenüber den Sprühleisten auf. Bei Verwendung von *Karlsruher Prüfmasse* als Modellpakete berechnet sich die Gesamtleistungssteigerung im Frosterbetrieb mit Dosierventil insgesamt zu 22.5 % gegenüber dem Sprühleistenbetrieb.

Die ermittelte Leistungssteigerung der Versuche mit Karlsruher-Prüfmasse liegt mit 22.5 % im Bereich der Ergebnisse mit Polyethylen-Modellpaketen. Der Einsatz von Polyethylen-Modellpaketen als Meßkörper zur Beurteilung der Frostereffizienz ist damit gerechtfertigt.

Zur Reproduzierbarkeit lassen sich die Versuche mit Polyethylen-Modellpaketen bei der Frostertemperatur von $T_F = -60\,°C$ und der Verweilzeit von $t_F = 30\,min$ mit den Versuchen der Karlsruher Prüfmasse bei gleichen Betriebsparametern vergleichen. Als Vergleichsgröße kann der CO_2-Verbrauch und der in Bild 82 eingetragene Verlauf der Frostertemperaturen über der Kühlstrecke dienen. Die übertragen Wärmemengen lassen sich infolge unterschiedlicher Modellkörper und unterschiedlicher Temperaturdifferenzen zwischen Froster und Prüfkörper nicht vergleichen.

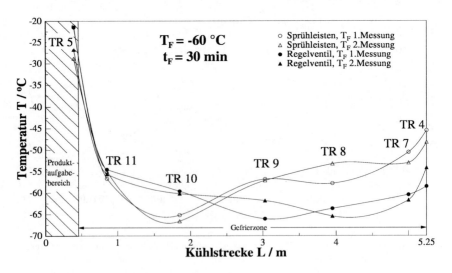

Bild 82: Frostertemperaturverlauf bei gleichen Betriebsparametern.

Die in Bild 82 dargestellten Temperaturverläufe zeigen für beide Sprühverfahren charakteristische Verläufe. Bei Verwendung der Sprühleisten stellt sich von der Produkteingabe mit TR 5 bis in die Mitte der Gefrierzone bei TR 9 ein einheitlicher Temperaturverlauf mit einer maximalen Abweichung von $\Delta T = 1.7\,°C$ ein. An der Meßstelle TR 8 liegt bei der Wiederholungsmessung eine um $\Delta T = 4.5\,°C$ höhere Temperatur gegenüber der 1. Messung vor. Zum Frosterende verringert sich die Abweichung wieder auf $\Delta T = 2.8\,°C$.

Bei Verwendung des Dosierventils liegt die mittlere Temperaturabweichung vom Frosteranfang mit TR 5 bis zur Frostermitte TR 10 bei $\Delta T = 0.8°C$. Die maximale Temperaturabweichung tritt an der Meßstelle TR 9 mit $\Delta T = 2.7°C$ auf. Im weiteren Verlauf reduziert sich die Abweichung wieder auf $\Delta T = 2.5°C$.
Die Abweichung des CO_2-Verbrauchs der Vergleichsversuche beträgt bei Sprühleistenbetrieb $\Delta \dot{M}_{CO_2} = 2.5\,\%$ und im Betrieb mit Dosierventil $\Delta \dot{M}_{CO_2} = 0.3\,\%$.
Aus dem Vergleich lassen die Abweichungen der Temperaturverläufe im Linearfroster und die Abweichungen des Kühlmittelverbrauchs eine hinreichende Reproduzierbarkeit der Versuche annehmen. Während der Laborversuche und deren Vorbereitung funktioniert das Dosierventil einwandfrei. Die Kühlmittelzufuhr kann in jedem Betriebszustand des Frosters gestartet oder gestoppt werden, ohne daß eine Verstopfung am Ventilsitz oder im Düsenschlitz entsteht. Der betriebssichere Einsatz des Dosierventils ist gewährleistet.

5.2 Praxisversuche

Die Laborversuche bei unterschiedlichen Sprühverfahren beweisen die Leistungssteigerung und die Funktionstüchtigkeit des Dosierventils. Im praktischen Einsatz treten gegenüber dem Laborbetrieb häufig erschwerte Bedingungen auf. Hierunter fallen z. B. eine verstärkte Wassereisbildung, Verschmutzung durch Kühlprodukte, Reinigung mit Hochdruckreiniger, teilweise Erwärmung in Pausen sowie unsachgemäße Handhabung und anderes. Um den störungsfreien Betrieb des Dosierventils auch im realen Kühlprozeß zu beweisen, finden Versuche bei der Fa. NABA GmbH als Anlagenbetreiber in Gierstädt statt. Die Fa. Naba produziert in Gierstädt vegetarische Nahrungsmittel auf Soja-Basis.

5.2.1 Versuchsaufbau und Versuchsdurchführung

Entsprechend Bild 83 erfolgt der Einbau des Dosierventils in einem Froster des Typs LF 8/75 der Fa. AGA Gas, Bad Driburg-Herste, mit einer Länge von 8 m bei einer Transportbandbreite, die mit 75 cm der des Laborfrosters entspricht. Als Hauptunterschiede zwischen dem Laborfroster LF 6/75 und dem Praxisfroster LF 8/75 sind infolge des längeren Transportbandes noch zwei zusätzliche Umwälzventilatoren und eine zusätzliche Sprühleiste installiert. Zwei der Sprühleisten befinden sich relativ zur Produkteingabe an gleicher Stelle wie im kürzeren Laborfroster, die zusätzliche Sprühleiste ist 1930 mm weiter zum Frosterausgang mit Sprührichtung von 45° gegen die Kühlgut-Transportrichtung installiert.

Das Dosierventil ist unter 45° Neigung in Transportrichtung des Kühlgutes zwischen dem 1. und 2. Umwälzventilator plaziert. Im Betrieb mit Dosierventil schaltet man den 2. Umwälzventilator ab, um den Sprühstrahl des Dosierventils nicht zu beeinflussen.

Der Froster ist über eine 25 m lange Rohrleitung mit einem 25 t CO_2-Speichertank verbunden.

116

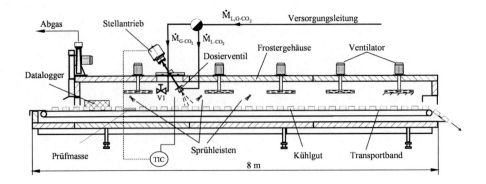

Bild 83: Querschnitt des Linearfrosters für die Praxisversuche.

Als Kühlgut liegen lose Produkte wie z. B. Geschnetzeltes oder Soja-Pfannengerichte und kompakte Einheiten wie z. B. Gemüse-Käse-Schnitzel, Broccoli-Medaillon oder Broccoli-Auflauf vor. Kompakte Produkte werden in einer Einrichtung vor dem Froster geformt. Durch die Zykluszeit der Formeinrichtung bleibt der Durchsatz mit 30 Stk./min konstant. Es liegt eine dichte Bandbelegung des Frosters mit Kühlgut vor. Während der Produktion wechseln sehr häufig die Kühlprodukte, Unterbrechungen in vorgeschalteten Produktionsabläufen sind ebenfalls nicht selten.

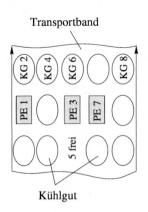

Bild 84: Anordnung der Temperatursensoren im Praxisversuch.

Als Meßtechnik wird im praktischen Einsatz des Dosierventils nur der Datalogger verwendet. Die Installation des Netpac Meßsystems findet entgegen den Versuchen im Laborfroster nicht statt, daher entfallen die bei den Laborversuchen durchgeführten Messungen des Rohrleitungsdruckes, der Raumtemperatur und -feuchte sowie die stationären Temperaturmessungen am Froster. Die Anordnung der Temperatursensoren des Dataloggers sind in Bild 84 ersichtlich. Da im Praxisversuch formstabile Produkte vorliegen, kann auch die Temperatur im Kühlgut gemessen werden, indem man 4 Sensoren (KG 2, KG 4, KG 6, KG 8) in das Kühlgut einsticht. Da die Temperaturaufnehmer im losen Kühlgut nicht fixiert werden können, eignen sich zur Temperaturmessung nur kompakte Produkte. 3 Temperatursensoren (PE 1, PE 3, PE 7) messen die Temperatur im Kern der Polyethylen-Modellpakete entsprechend den Laborversuchen. Der Temperatursensor 5 bleibt frei und mißt die Temperatur in einer Höhe von $H = 45\,mm$ über dem Transportband.

Ein für die Versuchsauswertung geeigneter unterbrechnungsfreier Produktionsablauf bei gleichem Kühlgut in kompakter Form wird über eine längere Zeitperiode nur beim Frosten von Gemüse-Schnitzeln erreicht. Im Bild 85 ist die Bandbelegung mit panierten Gemüseschnitzeln zu sehen.

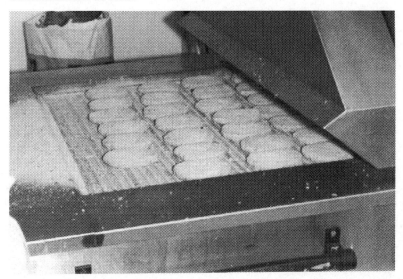

Bild 85: Bandbelegung mit panierten Gemüseschnitzeln.

Die Einzelmasse der Gemüse-Schnitzel beträgt ca. 140 g, sie weisen eine ovale Form von ca. 130 mm x 100 mm auf und sind ca. 15 mm dick. Insgesamt werden 538 kg Gemüse-Schnitzel gefrostet. Dies entspricht einer Gesamtzahl von 3800 Stück. Der Kühlmittelverbrauch kann im Sprühleistenbetrieb über eine Zeit von 90 min und im Betrieb mit Dosierventil über eine Zeit von 53 min gemessen werden.
Die Versuchsdurchführung verläuft während der normalen Produktion ähnlich wie bei den Laborversuchen. Nachdem die Frosterbetriebstemperatur erreicht ist, beginnt die Bandbelegung mit Kühlgut. Nach ca. 20 min kann von einem stationären Betriebszustand ausgegangen werden.
Die Temperatursensoren werden nach dem Auflegen der Gemüseschnitzel in die pastöse Formmasse eingestochen, dabei wird versucht den sensitiven Teil der Temperaturaufnehmer in der Produktmitte zu positionieren. Die genaue Positionierung der Temperaturaufnehmer gelingt nicht immer. Da die Produkte eine Dicke von nur 15 mm aufweisen, führt eine ungenaue Positionierung dazu, daß eine tiefere Temperatur am Sensor registriert wird. Eine höhere Aussagefähigkeit wird daher von den Temperaturverläufen in Polyethylen-Modellpaketen erwartet. Hinter dem Meßsystem wird die Belegung mit Kühlgut fortgeführt. Die Kühlmittel-Verbrauchsmessung erfolgt bei dem 25 t CO_2-Tank analog zum 2.5 t Tank durch Wägung und Zeitmessung.

5.2.2 Versuchsauswertung

Für das Frosten von Gemüseschnitzeln sind im Bild 86 die Temperaturverläufe im Kühlgut (■,□), im Kern der Polyethylen - Modellpakete (●, ○) und in der Frosteratmosphäre (▲, △) über der Kühllänge für den Sprühleisten- und Dosierventilbetrieb dargestellt. Die eingetragenen Temperaturverläufe sind Mittelwerte der Temperaturen im gleichen Medium der einzelnen Versuchsreihen. Die eingestellte Frostertemperatur beträgt $T_F = -45\,°C$ bei einer Verweilzeit in der Gefrierzone von $t_F = 15\,min$.

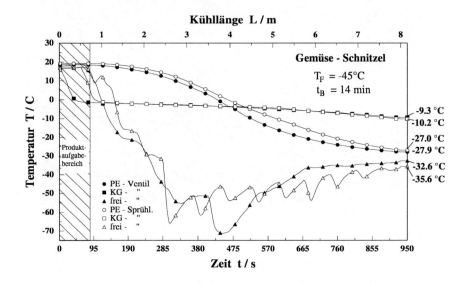

Bild 86: Mittlere Temperaturverläufe im Froster, im Kühlgut (KG) und in Polyethylen - Modellpaketen (PE 500) beim Frosten von Gemüse - Schnitzeln.

Bei Meßbeginn liegt in den Polyehtylen - Modellpaketen eine Temperatur von $\overline{T}_{P,S} = +19,1\,°C$ im Sprühleistenbetrieb und $\overline{T}_{P,D} = +18,5\,°C$ bei Betrieb mit Dosierventil vor. Nach der Abkühlung beträgt die Temperatur $\overline{T}_{P,S} = -27,0\,°C$ im Sprühleistenbetrieb und $\overline{T}_{P,D} = -27,9\,°C$ bei Betrieb mit Dosierventil.

Für die Abkühlung der Polyehtylen - Modellpakete läßt sich die übertragene Wärmemenge im Sprühleistenbetrieb nach Gleichung (63) mit $q = 77.3\,kJ/kg$ berechnen, im Betrieb mit Dosierventil ist die übertragene Wärmemenge mit $q = 77.6\,kJ/kg$ um $\Delta q = 0.4\,\%$ höher. Damit sind für die übertragenen Wärmemengen im Polyethylen praktisch keine Differenzen zwischen dem Frosterbetrieb mit Sprühleisten gegenüber dem Dosierventil zu verzeichnen.

Der Temperaturverlauf im Produkt zeigt, daß die Temperatursensoren im Sprühleistenbetrieb später in das Produkt eingestochen werden als im Betrieb mit Dosierventil, womit das spätere Absinken der Kühlguttemperatur an der Produkteingabe zu erklären ist. Nach $t = 190\,s$ Kühlzeit liegen gleiche Kühlguttemperaturen beider Sprühverfahren vor. Die Produktanfangstemperatur ist für beide Verfahrensweisen gleich. Am Frosterende mißt man eine Kühlguttemperatur von $\overline{T}_{KG,S} = -10.2\,°C$ im Sprühleistenbetrieb und $\overline{T}_{KG,D} = -9.3\,°C$ bei Betrieb mit Dosierventil. Unter Berücksichtigung möglicher Meßabweichungen hat damit auch im Kühlgut näherungsweise die gleiche Abkühlung stattgefunden.

Die Temperatur der freien Frosteratmosphäre sinkt in beiden Betriebsweisen an gleicher Stelle zu Beginn des Frostertunnels bei $t = 95\,s$ ab. Die Temperaturabnahme verläuft im Betrieb mit dem Dosierventil stetiger als im Sprühleistenbetrieb. Aus dem Temperaturverlauf der Frosteratmosphäre ist zu erkennen, daß der freie Temperatursensor im Sprühleistenbetrieb während einer Einsprühphase in den Frostertunnel gelangt. Kurz nach dem Eintritt in den Frostertunnel endet die Einsprühphase bei der Kühlstrecke von $L \approx 1\,m$. Die Temperatur steigt an dieser Stelle an, da der Temperatursensor nicht mehr von ausströmendem Kaltgas beeinflußt wird. Im weiteren Verlauf sinkt die Frostertemperatur bei Sprühleistenbetrieb in unterschiedlichen Schrittweiten bis auf eine minimale Temperatur von $T_{min} = -66\,°C$ nach der Verweilzeit von $t = 305\,s$ ab. Bis zum Frosterende steigt der Temperaturverlauf bis auf $T_{S,E} = -35.6\,°C$ an. Bei jedem Einsprühzyklus tritt dabei eine Temperaturabnahme auf, wodurch sich der Temperaturverlauf schwingend darstellt.
Im Betrieb mit Dosierventil liegt ein Temperaturminimum, welches den Sprühbereich lokalisiert, mit $T_{min} = -71.3\,°C$ bei der Verweilzeit von $t = 440\,s$ vor. Zwischen dem Temperaturminimum und dem Frosterende steigt die Temperatur stetig bis auf $T_{D,E} = -32.6\,°C$ an. Im hinteren Teil des Frosters wird ab der Verweilzeit von $t \approx 600\,s$ für den Sprühleistenbetrieb eine tiefere Frostertemperatur registriert als mit dem Dosierventil.

Für den spezifischen Kühlmittelverbrauch ergibt sich aus der Messung und Berechnung für die Sprühleisten $m_{S,CO_2} = 0.703\,kg_{CO_2}/kg_{KG}$ und für das Dosierventil $m_{D,CO_2} = 0.626\,kg_{CO_2}/kg_{KG}$. Im Betrieb mit Dosierventil beträgt die prozentuale Kühlmitteleinsparung damit $\Delta m_{CO_2} = 11\,\%$ bei gleicher Produktabkühlung gegenüber dem Sprühleistenbetrieb.

5.2.3 Beurteilung der Praxisversuche

Aufgrund äußerer Bedingungen, wie wechselnder Kühlprodukte, wechselndes Personal, Pausenzeiten, Unterbrechungen logistischer Art usw., gelingt es, während der Praxisversuche über einen Zeitraum von 10 Tagen nur einen unterbrechungsfreien Versuch zum Vergleich zwischen Sprühleisten - und Dosierventilbetrieb durchzuführen, bei dem gleiche und stationäre Bedingungen vorliegen. Die Temperaturverläufe zeigen, daß bei Sprühleisten - und bei Dosierventilbetrieb gleiche Abkühlraten im Kühlgut und in den Polyethylen - Modellpaketen erreicht werden. Die Gesamt - Prozeßverbesserung im Frosterbetrieb mit Dosierventil gegenüber dem Sprühleistenbetrieb entspricht damit dem Wert der Kühlmitteleinsparung von $\Delta m_{CO_2} = 11\,\%$. Zur Beurteilung der Prozeßführung reicht in diesem Fall die Betrachtung des Kühlmittelverbrauches aus.

Der im Bild 86 aufgetragene Temperaturverlauf der Frosteratmosphäre im Betrieb mit Dosierventil weist ein ausgeprägtes Temperaturminimum im Bereich des Kühlmittelstrahles auf. Mit dem Ziel, den Temperaturverlauf über der Frosterlänge zu gleichmäßig zu gestalten, könnte ein flacherer Einsprühwinkel von $\alpha \leq 45°$ (vergleiche Bild 50) Vorteile auch zur Temperaturabsenkung im hinteren Frosterbereich bringen.

Eine Kontrolle des zeitlichen Froster - Temperaturverlaufes an dem Sensor TIC zur Messung und Regelung der Frostertemperatur zeigt die in den Bildern 129 und 130 im Anhang dargestellten Temperaturschwankungen. Im Sprühleistenbetrieb entstehen Temperaturschwankungen $\Delta T_S = \pm 6\,°C$, im Betrieb mit Dosierventil reduzieren sich die Frostertemperaturschwankungen auf $\Delta T_S = \pm 1\,°C$.

Die Abkühlung des Frosters von beispielsweise $T_{F,A} = +18\,°C$ auf $T_F = -45\,°C$ dauert bei Betriebsbeginn im Sprühleistenbetrieb $t_0 = 6\,min$, im Betrieb mit Dosierventil werden für die gleiche Abkühlung $t_0 = 8\,min$ benötigt. Dies läßt sich damit erklären, daß die vorhandenen 3 Sprühleisten eine höhere maximale Durchsatzkapazität gegenüber dem Dosierventil aufweisen.
Die zur Frosterabkühlung benötigte Kühlmittelmenge kann nicht gemessen werden, da die für die Tankwägung benötigte Zeit bei der vorhandenen kurzen Abkühlzeit zu hohe Ungenauigkeiten verursacht.

Außer dem zweiwöchigen Versuchbetrieb wurde die Betriebstüchtigkeit des Dosierventils über eine Zeit von 13 Wochen getestet, dies entspricht einer Betriebszeit von ca. 500 Stunden. Während dieser Testphase wurden vom Anlagenbetreiber keine Störungen oder Fehlfunktionen im Betrieb mit Dosierventil beanstandet.

6 Abschlußbetrachtung

Die Testphase des neuentwickelten Dosierventils und der zugehörigen Schlitzdüse im CO_2-betriebenen Linearfroster bestätigt die Funktionalität und den störungsfreien Einsatz des Systems. Bei vorgeschaltetem Phasentrenner kam es während der gesamten Testphase zu keiner Verstopfung der Dosiereinheit.
Innerhalb des schlitzförmigen Strömungskanals finden trotz der Drucksenkung unterhalb des Tripelpunktes und der damit verbundenen Schneebildung keine Anlagerungen von Schnee - Partikeln an der Schlitzwandung statt.
Am Dosierventil erwies sich die Abdichtung des unter einem Druck von $p_T = 18\,bar$ befindlichen Kühlmittels während der Produktionspausen ebenfalls als fehlerfrei.

Das Ziel einer gleichmäßigen Kühlmittelverteilung ist unter Betrachtung des Temperaturverlaufes in Abhängigkeit von der Transportbandbreite erreicht. Der von der Schlitzdüse geformte Flachstrahl bewirkt eine gleichmäßige Abkühlung der Produkte über der gesamten Breite des Transportbandes.
Die unter definierten Bedingungen im Labor durchgeführten Untersuchungen und ermittelten Ergebnisse werden bei den Versuchen unter realen Bedingungen bei der Lebensmittelfrostung durch den Praxisversuch bestätigt. Es zeigt sich eine deutliche

Minderung des Kühlmittelverbrauchs während der Frosterbetriebsweise mit Dosierventil gegenüber der herkömmlichen diskontinuierlichen CO_2-Zuführung mit Sprühleisten. Der CO_2-Minderverbrauch entsteht zum einen durch die Einsparung der Spülphasen, wobei warmes CO_2-Gas die in den Rohrleitungen verbliebene CO_2-Flüssigkeit austreibt. Dieses Spülgas spart man bei Einsatz des Dosierventils direkt ein, eine indirekte Einsparung entsteht dadurch, daß kein warmes CO_2-Gas die Frosteratmosphäre aufheizt. Zum anderen läßt sich die verbesserte Kühlmittel-Ausnutzung bei kontinuierlicher CO_2-Einspritzung besonders auf den gleichmäßigen Kühlmittel-Eintrag zurückführen. Im Betrieb mit Sprühleisten entsteht während der Einsprühphase ein sehr hoher CO_2-Massenstrom. Die hohe Kühlmittelmenge füllt das Frostervolumen sehr schnell mit Kaltgas. Das Kaltgas kann vom Kühlgut nicht so schnell Wärme aufnehmen und gelangt daher während der Einsprühphasen nur unvollständig genutzt in die Absaugung des Frosters. Je länger die Einsprühphasen dauern, desto mehr unvollständig genutztes Gas gelangt in die Absaugung. Eine zunächst als naheliegend erscheinende Abhilfe durch Verringerung der Einsprühperiode muß jedoch nicht zur Reduzierung des Kühlmittelverbrauchs führen, denn eine verkürzte Sprühdauer erzeugt gleichzeitig häufigere Sprühzyklen. Da jeder Sprühzyklus eine Spülphase beinhaltet, führt dies wiederum zu einer Erhöhung des CO_2-Verbrauchs.

Der bei den Sprühleisten während der Einsprühphasen entstehende hohe Kühlmittel-Massenstrom erzeugt einen hohen Druckverlust in der Kühlmittel-Zuleitung. Mit zunehmendem Druckverlust sinkt die Temperatur im Kühlmittel der Zuleitung und es entsteht vermehrt CO_2-Dampf. Mit sinkender Kühlmitteltemperatur steigen die Isolationsverluste durch Wärmeströmung in die Rohrleitung, was die CO_2-Dampf-Bildung zusätzlich verstärkt und die Kälteleistung des Kühlmittels mindert. Der CO_2-Dampf führt infolge seines höheren Volumens gegenüber der CO_2-Flüssigkeit zur Zunahme der Strömungsgeschwindigkeit in der Rohrleitung und im CO_2-Strahl, womit eine erhöhte Geräuschbildung entsteht.

Um eine möglichst gute Abkühlung im Kühlgut zu erreichen, sollte die Bandgeschwindigkeit unabhängig vom Einsprühverfahren möglichst gering gewählt sein, was bedeutet, daß das Transportband immer vollständig mit Kühlprodukten belegt sein soll. Bei niedriger Bandgeschwindigkeit stellen sich lange Verweilzeiten ein, die eine intensive Abkühlung des Kühlgutes und eine weitgehend vollständige Kaltgasausnutzung ermöglichen.

Literatur

[1] Klettner, P.-G.
Kontinuierliches Schockgefrieren von Lebensmitteln mit CO_2.
Die Kälte (1974)11, S.412-419.

[2] Wolf, Th.
Prallzerkleinerung ölhaltiger Substanzen bei Kühlmitteleinsatz.
Dissertation, Universität-GH Paderborn, Mechanische Verfahrenstechnik 1993.

[3] Meyer, M.
Geschwindigkeits- und Temperaturprofile von Kohlendioxid-Freistrahlen mit disperser Mikroschneephase.
Diplomarbeit,
Universität-GH Paderborn, Mechanische Verfahrenstechnik 1991.

[4] Dinglinger, G.
Lebensmittel-Gefriertechnik mit kryogener Kälte.
Chem.-Ing.-Tech. 55 (1983) 5, S. 372-377.

[5] Heiss, R.; Eichner, K.
Haltbarmachen von Lebensmitteln.
Springer-Verlag, Berlin 1984.

[6] Vassogne, G.
L'oevre étonnante de F. Carré.
Rev. GÉn. Froid 33 (1956), S. 327-334.

[7] Holden, W.S.
Australia has been high growth in air conditioning, refrigeration after 1856 patent for *produced cold*.
Air Condit. Refrig. News 79 (1956) 12, S. 23.

[8] Plank, R.
100 Jahre Kälteindustrie.
Kältetechnik 8 (1956), S. 2-3.

[9] v. Cube, H.L.
10 Jahre Kältetechnik, 1955 bis 1965.
VDI-Verlag, Düsseldorf 1967.

[10] Plank, R.
Der gekühlte Raum. Der Transport gekühlter Lebensmittel und die Eiserzeugung.
Handbuch der Kältetechnik. Bd. XI. Springer-Verlag, Berlin 1962.

[11] Glenk, H.-G.
Lebensmittelfrischhaltung durch extreme Kälte.
Zeitschrift für Lebensmitteltechnologie und -Verfahrenstechnik (ZFL), 42 (1991) 9, S. 472-474.

[12] Plank, R.
Die Anwendung der Kälte in der Lebensmittelindustrie.
in: Handbuch der Kältetechnik. Bd. X. Springer-Verlag, Berlin 1960.

[13] Spieß, W.E.L.; Kastaropoulos, A.E.
Zum Tiefgefrieren von Lebensmitteln.
Zeitschrift für Lebensmitteltechnologie und -Verfahrenstechnik (ZFL),
28 (1977) 4, S. 125-129.

[14] N.N.
Frische aus dem Kälteschlaf.
Fleischerei Technik (1997) 2, S. 56-64.

[15] Bruder, Th.
Gefrierverfahren.
Klima - Kälte - Heizung 21 (1993) 10, S. 396 - 400.

[16] Weinstock, H.
Cryogenic Technology.
Boston Technical Publishers, Cambridge 1969.

[17] Baltes, W.
Lebensmittelchemie.
Springer-Verlag, 2. Aufl., Berlin 1989.

[18] Belitz, H.-D.; Grosch, W.
Lehrbuch der Lebensmittelchemie.
Springer-Verlag, 3. Aufl., Berlin 1987.

[19] Harz, H.-P.
Untersuchungen zum Gefrierverhalten flüssiger Lebensmittel im Hinblick
auf das Gefrierlagern, Gefriertrocknen und Gefrierkonzentrieren.
Dissertation TH Karlsruhe 1987.

[20] Maake, W.; Eckert, H.-J.
Pohlmann Taschenbuch der Kältetechnik. 16.Aufl.
Verlag C. F. Müller, Karlsruhe 1978.

[21] Plank, R.
Kohlendioxid CO_2.
Handbuch der Kältetechnik Bd. IV. Springer-Verlag, Berlin 1960.

[22] v. Cube, H.L.
Lehrbuch der Kältetechnik.
Verlag C. F. Müller, Karlsruhe 1975.

[23] Sonnentag, M.; Ziemann, G.
Kryogenes Gefrieren auf dem Vormasch.
Zeitschrift für Lebensmitteltechnologie
-Verfahrenstechnik (ZFL), 45 (1994) 12, S. 8-12.

[24] Balduhn, R.; Engelhorn, R.
Zum Wärmeübergang von Festkörperoberflächen an kryogenes CO_2 und N_2.
Ki Klima-Kälte-Heizung 5 (1991) 19, S.216-218.

[25] Buchmueller, J.
Kryogene Kühl- und Gefriertechniken sichern Qualität.
Zeitschrift für Lebensmitteltechnologie
-Verfahrenstechnik (ZFL), 47 (1996) 11, S. 42-45.

[26] Winter, F.F.
CO_2-Anwendung in Theorie und Praxis.
Die Fleischerei, 4 (1978).

[27] Hillenbrand, E.
Kohlendioxid
in: Ullmanns Encyklopädie der technischen Chemie.
Verlag Chemie, Weinheim 1977, Band 14, S.569-581.

[28] Gloger, Ch.
Herstellung und Anwendung von Kohlendioxid.
Ki Klima-Kälte-Heizung 10 (1992) S.374-377.

[29] Plank, R.
Das Tripelgebiet der Kohlensäure.
Zeitschrift für die gesamte Kälteindustrie 48 (1941)1, S.1-5.

[30] Kuprianoff, J.
Die feste Kohlensäure.
in: Sammlung chemischer und chemisch-technischer Vorträge.
Heft 52, Ferdinand Enke Verlag, Stuttgart 1953.

[31] Greenwood, N.N.; Earnshaw, A.
Chemie der Elemente.
VCH Verlagsgesellschaft, Weinheim 1988.

[32] N.N.
Eigenschaften der Kohlensäure.
Informationsbroschüre des Fachverbandes Kohlensäure-Industrie e.V.,
3. Aufl., Koblenz 1989.

[33] Hoppe, M.
Unterkühlungsursache bei der CO_2-Entspannung.
Diplomarbeit,
Universität-GH Paderborn, Mechanische Verfahrenstechnik 1994.

[34] Sievers, U.
Die thermodynamischen Eigenschaften von Kohlendioxid.
Fortschr. Ber. VDI-Z. Reihe 6 Nr. 155, VDI-Verlag, Düsseldorf 1984.

[35] Fernández-Fassnacht, E.; del Rio, F.
The vapour pressure of CO_2 from 194 to 243 K.
J. Chem. Thermodynamics 16 (1984) S.469-474.

[36] Daubert, T.E.; Danner, R.P.
Data Compilation Tables of Properties of Pure Compounds.
American Institute of Chemical Engineers, New York 1984.

[37] Keßler, J.
Partikelgrößen-Messung von Trockeneis.
Studienarbeit,
Universität - GH Paderborn, Mechanische Verfahrenstechnik 1995.

[38] Barnes, W.H.; Maas, O.
Thermal Constants of Solid and Liquid Carbon Dixide.
Proceedings Royal Society, London, Ser.A, p 224.

[39] N.N.
Alles über CO_2.
Agefko Kohlensäure-Industrie GmbH, Düsseldorf 1989.

[40] Hausen, H.
Wärmetechnische Messverfahren.
Thermodynamische Eigenschaften homogener Stoffe.
Technik. Teil 4a. Springer Verlag, Berlin 1967.

[41] Otto, D.
Einführung in die Kältetechnik.
VEB Verlag Technik, Berlin 1972,.

[42] Baehr, H.D.
Der Isentropenexponent der Gase $H_2, N_2, O_2, CH_4, CO_2, NH_3$ und Luft
für Drücke bis 300 bar.
Brennstoff-Wärme-Kraft. 19 (1967) S. 65-68.

[43] D'Ans-Lax
Taschenbuch für Chemiker und Physiker.
Springer-Verlag Berlin 1970.

[44] Steiner, D.
VDI-Wärmeatlas.
VDI-Verlag, Düsseldorf 1994.

[45] Dienemann, W.; Steinle, H.
Thermodynamische Eigenschaften homogener Stoffe.
Landolt-Börnstein Zahlenwerte und Funktionen, Band 6 Technik 4. Teil
Wärmetechnik S.659-775
Springer-Verlag, Berlin 1967.

[46] Dannies, J.H.
Lexikon der Kältetechnik.
Verlagsgesellschaft H. Beuck & Söhne, Dissen 1957.

[47] Span, R.
Eine neue Fundamentalgleichung für das fluide Zustandsgebiet von Kohlendioxid bei Temperaturen bis zu 1100 K und Drücken bis zu 800 MPa
Fortschritt-Berichte, Reihe 6, Energieerzeugung,
VDI-Verlag Düsseldorf 1993.

[48] Greim, H.
Gesundheitsschädliche Arbeitsstoffe.
VCH Verlagsgesellschaft, Weinheim 1996.

[49] N.N.
Handbuch der gefährlichen Güter. Merkblätter 115, 115a, 115b
Springer-Verlag, Berlin 1993.

[50] Autorenkollektiv
Handbuch der AD-Merkblätter.
Heymanns-Beuth-Verlag, Berlin 1986.

[51] Autorenkollektiv
Saving of Energy in Refrigeration.
International Institute of Refrigeration. 177,
Boulevard Malesherbes - F 75017 Paris, Printed by Ceuterick,
Louvain-Belgium 1980.

[52] Emblik, E.
Kälteanwendung.
Verlag G. Braun, Karlsruhe 1971.

[53] Aström, S.
Kryogenes Gefrieren.
Die Kälte und Klimatechnik. 37 (1984) 1, S.12-16.

[54] N.N.
Betriebsanweisung NdB 27-209.
AGA - Rommenhöller, Bad Driburg-Hertse.

[55] Lintelmann, H.
Umbau eines Linearfrosters zu einer Experimentierzelle.
Studienarbeit, Universität - GH Paderborn, Mechanische Verfahrenstechnik 1994.

[56] N.N.
Kryogene Langfroster.
Produktinformation der Fa. AGA Gas GmbH, Bad Driburg-Herste.

[57] Lenk, R.; Gellert, W.
Physik abc.
VEB F.A. Brockhaus Verlag, Leipzig 1989.

[58] Pahl, M.H.
Mehrphasenströmung.
Vorlesung, Universität - GH Paderborn, Mechanische Verfahrenstechnik 1989.

[59] Hewitt, D.N., G.F.; Roberts
Studies of two-phase flow patterns by simultanious X-ray and flash photography.
AERE - M2159 (1969).

[60] Schumacher, R.
Wärmeleitfähigkeit nach DIN 52 612.
Produktionformation der Fa. Armstrong, Münster 1979.

[61] Jentoch, D.
Behälterkonstruktion zur Trennung eines Gas- Flüssigkeitsgemisches.
Studienarbeit, Universität - GH Paderborn, Mechanische Verfahrenstechnik 1993.

[62] Steiner, D.
Kapitel Hbb in VDI-Wärmeatlas: Strömungssieden gesättigter Flüssigkeiten.
VDI-Verlag GmbH, Düsseldorf 1994.

[63] Sigloch, H.
Technische Fluidmechanik.
Herman Schroedel Verlag KG, Hannover, 1989.

[64] Prandtl, L.; Oswatitsch, K.; Wieghardt, K.
Führer durch die Strömungslehre.
Vieweg Verlag, Braunschweig 1984.

[65] Mayinger, F.
Strömung und Wärmeübertragung in Gas-Flüssigkeitsgemischen.
Springer Verlag, Wien 1982.

[66] Buhrke, H.; Kecke, H.J.; Richter, H.
Strömungsförderer.
VEB Verlag Technik, Berlin 1988.

[67] Baehr, H.D.
Thermodynamik.
Springer-Verlag, Berlin 1984.

[68] Böckh, P.
Ausbreitungsgeschwindigkeit einer Druckströmung
und kritischer Durchfluß in Flüssigkeits/Gas- Gemischen.
Dissertation, Universität Karlsruhe 1975.

[69] Bohl, W.
Technische Strömungslehre.
Vogel-Verlag, Würzburg 1980.

[70] Heckle, M.
Zweiphasenströmung Gas/Flüssigkeiten durch Drosselorgane.
Dissertation, Universität Karlsruhe 1970.

[71] Linge, K.
Die Kapillare als Drosselorgan in Kälteanlagen.
Kältetechnik 6 (1949), S. 125-129.

[72] Förster, A.
Untersuchung des Ausströmvorganges siedender Flüssigkeiten.
Dissertation, TH Karlruhe 1954.

[73] *Schultze, K.*
Stellventilberechnung unter Berücksichtigung teilweiser Verdampfung der zu entspannenden Flüssigkeit.
Regelungstechnik und Prozeßdatenverarbeitung 18 (1979) 1, S. 24 - 29.

[74] Nguyen, D.L.
Schallgeschwindigkeit und kritischer Massendurchsatz in ein- und zweikomponentigen Gas-Flüssigkeits-Strömungen.
Dissertation, Technische Universität München 1981.

[75] Caron, R.
Speed of sound in single-component, two-phase mixtures.
Dissertation, The University of Connecticut, Michigan 1967.

[76] Städtke, V.
Zum Problem der Schallgeschwindigkeit und Schalldämpfung in Zweiphasenströmungen.
Technical report Wiss. Berichte AEG-Telefunken, 41 (1968) 4, S. 177 - 183.

[77] *Feldman, C.L.; Nydick, S.E.; Kokenak, R.P.*
The speed of sound in single component two phase fluids.
Fluids Progress in Heat and Mass Transfer 69 (1972) 6, S. 671–684.

[78] *England, W.G.; Firey, J.C.; Trapp, O.E.*
Additional velocity of sound measurements in wet stream.
I. and E. Proc. Des. Dev., 5 (1966) S. 44 - 48.

[79] *Dejong, V.J.; Firey, J.C.*
Effect of slip and phase change on sound velocity in steam-water-mixtures and the relation to critical flow.
I. and E. Proc. Dev., 7(1968) S. 13 - 19 7(1968).

[80] *Winter, E.R.F.; Nguyen, D.L.*
Berechnung der Schallgeschwindigkeit in Zweiphasensystemen.
DFG-Arbeitsbericht, Az. Wi 364/12 11(1977).

[81] *Collingham, R.E.; Firey, J.C.*
Velocity of sound measurements in wet steam.
I. and E. Proc. Des. DW., 2(1963), S. 89 -102.

[82] *Elias, E.; Lellouche, G.S.*
Two-Phase Critical Flow.
Int. J. Multiphase Flow, 20 (1994), S. 99–168.

[83] Petry, G.
R12-Zweiphasenströmung in Drosselkapillaren unter kritischen Strömungsbedingungen.
Dissertation, Technische Universität München 1983.

[84] Ardron, K.H.
A two phase model for critical vapour-liquid flow.
Int. J. Multiphase Flow 4 (1978), S. 323-337.

[85] Henry, R.E.; Fauske, H.K.
The two-phase critical flow of one component mixtures in nozzles, orifices and short pipes.
ASME J. Heat Transfer, 93 (1971), S. 179-187.

[86] Bošnjakovič, F.; Knoche, K.F.
Technische Thermodynamik.

[87] Berghoff, R.; Balduhn, R.; Pahl, M.H.
Design of Nozzles for Liquid Carbon Dioxide Dosing.
Internationale Zeitschrift für Lebensmitteltechnik, Marketing, Verpackung und Analytik, ZFL 1/2(1993) S. EFS 1-4.

[88] Brauer, H.
Grundlagen der Einphasen- und Mehrphasenströmungen.
Verlag Sauerländer, CH-Aarau 1971.

[89] Laumeier, H.
Experimentelle Untersuchung des CO_2-Massenstromes in Düsen.
Studienarbeit Universität - GH Paderborn, 1995.

[90] N. N.
Produktinformation zur Durchflußmessapparatur.
Fa. Flow Instruments, Düsseldorf (1993).

[91] N., N.
Produktionformation zu Miniatur-Druckaufnehmern.
Fa. Kulite, Hofheim/Taunus 1994.

[92] Bruhns, A.
Tripelpunktsunterschreitung von CO_2 bei der Durchströmung von Sintermetallen.
Studienarbeit, Universität - GH Paderborn, Mechanische Verfahrenstechnik 1995.

[93] N., N.
Produktionformation zu Mantelthermoelementen.
Fa. Philips GmbH, Kassel 1992.

[94] Vehling, U.
CO_2- Expansion und Partikelgröße.
Diplomarbeit, Universität - GH Paderborn, Mechanische Verfahrenstechnik 1996.

[95] Aßhauer, M.
Optimierung eines Regelventils zur Entspannung von dreiphasigem, tiefkaltem CO_2.
Studienarbeit, Universität - GH Paderborn, Mechanische Verfahrenstechnik 1994.

[96] N.N.
Handbuch zum Datalogger Multicontrol 801.
Steffen Meßtechnik, Dorsten 1995.

[97] N.N.
Produktinformation zu Polyethylen 500 der Fa. Ensinger, Anröchte 1995.

[98] Riedel, L.
Eine Prüfsubstanz für Gefrierveruche.
Kältetechnik 12 (1960), S. 222-225.

Auf den nachfolgen Seiten befinden sich die Temperaturverläufe der Laborversuche.

Aus Gründen der Übersichtlichkeit wurde diese Seite freigelassen. Nachfolgend ist so ein direkter Vergleich der Versuchsergebnisse mit den Sprühleisten auf der linken Seite zu den Ergebnissen mit dem Regelventil auf der rechten Seite möglich.

Anhang

A.1 Mittlere Frostertemperaturverläufe

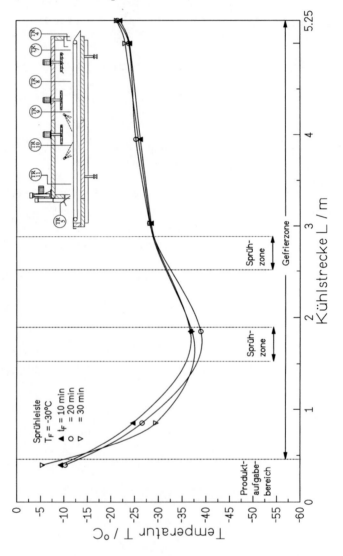

Bild 87: Mittlere Frostertemperaturverläufe im Sprühleistenbetrieb; $T_F = -30°C$, $t_F = 10/20/30\,min$.

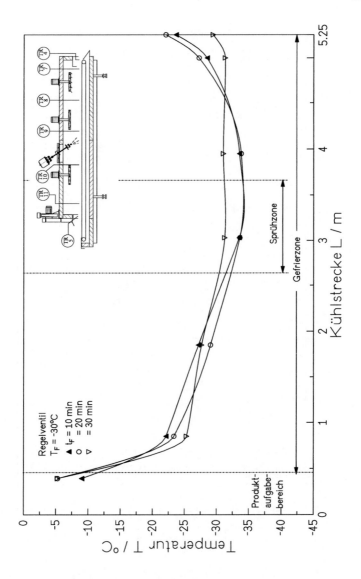

Bild 88: Mittlere Frostertemperaturverläufe im Dosierventilbetrieb; $T_F = -30°C$, $t_F = 10/20/30\,min$.

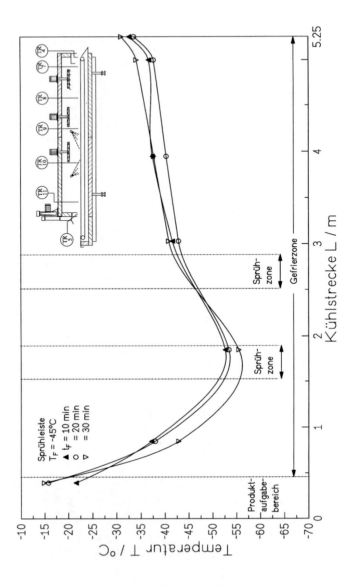

Bild 89: Mittlere Frostertemperaturverläufe im Sprühleistenbetrieb; $T_F = -45°C$, $t_F = 10/20/30\,min$.

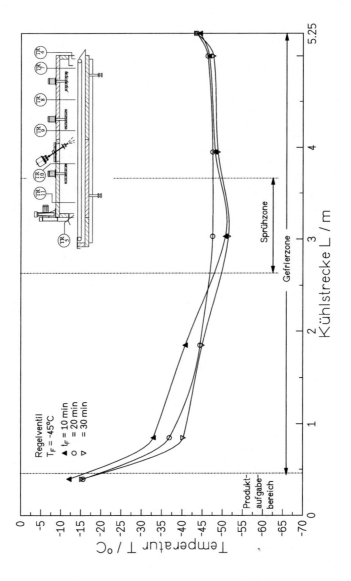

Bild 90: Mittlere Frostertemperaturverläufe im Dosierventilbetrieb; $T_F = -45°C$, $t_F = 10/20/30\,min$.

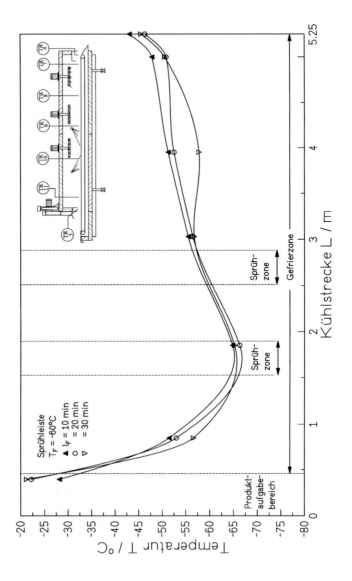

Bild 91: Mittlere Frostertemperaturverläufe im Sprühleistenbetrieb; $T_F = -60°C$, $t_F = 10/20/30\,min$.

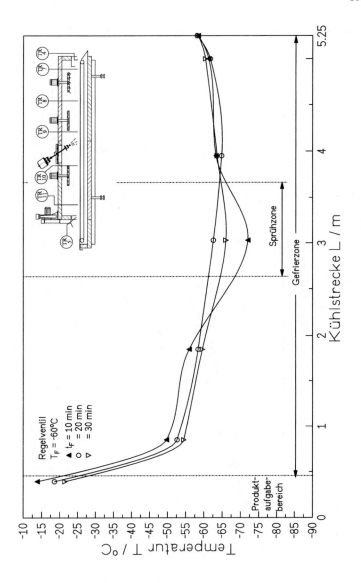

Bild 92: Mittlere Frostertemperaturverläufe im Dosierventilbetrieb; $T_F = -60°C$, $t_F = 10/20/30\,min$.

A.2 Kern- und Oberflächentemperaturverläufe

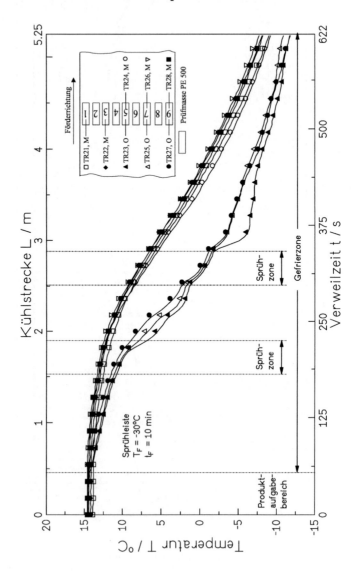

Bild 93: Kern- und Oberflächentemperaturen bei Sprühleistenbetrieb; $T_F = -30°C$, $t_F = 10\,min$.

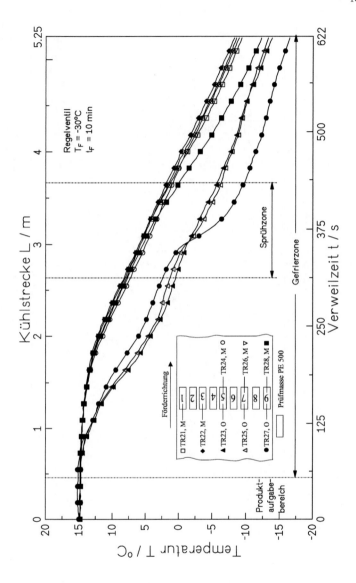

Bild 94: Kern- und Oberflächentemperaturen bei Dosierventilbetrieb; $T_F = -30°C$, $t_F = 10\,min$.

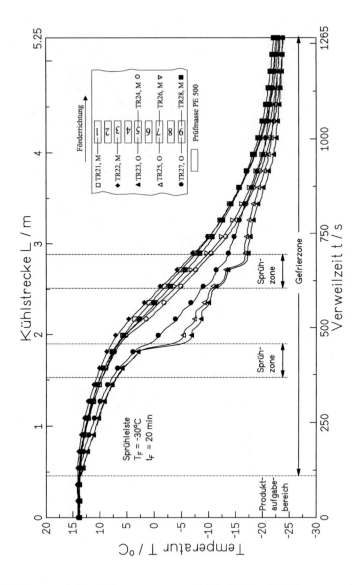

Bild 95: Kern- und Oberflächentemperaturen bei Sprühleistenbetrieb; $T_F = -30°C$, $t_F = 20\,min$.

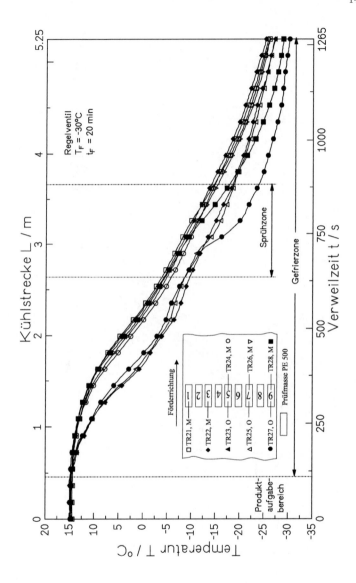

Bild 96: Kern- und Oberflächentemperaturen bei Dosierventilbetrieb; $T_F = -30°C$, $t_F = 20\,min$.

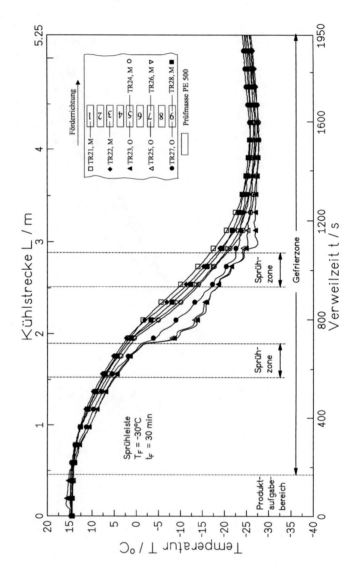

Bild 97: Kern- und Oberflächentemperaturen bei Sprühleistenbetrieb; $T_F = -30°C$, $t_F = 30\,min$.

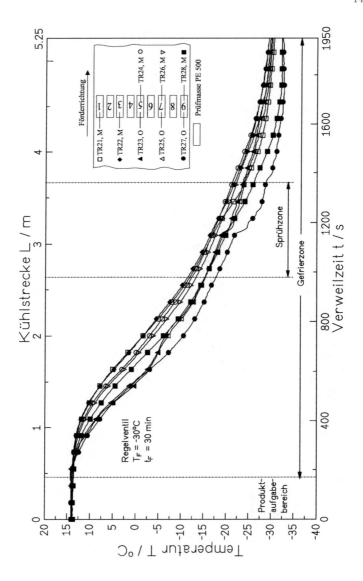

Bild 98: Kern- und Oberflächentemperaturen bei Dosierventilbetrieb; $T_F = -30°C$, $t_F = 30\,min$.

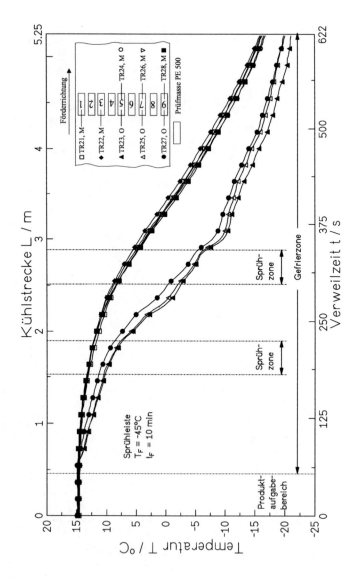

Bild 99: Kern- und Oberflächentemperaturen bei Sprühleistenbetrieb; $T_F = -45°C$, $t_F = 10\,min$.

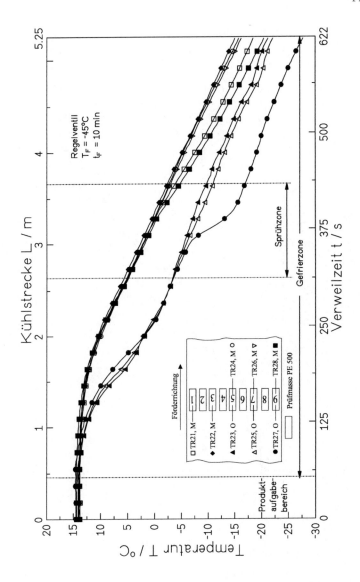

Bild 100: Kern- und Oberflächentemperaturen bei Dosierventilbetrieb; $T_F = -45°C$, $t_F = 10\,min$.

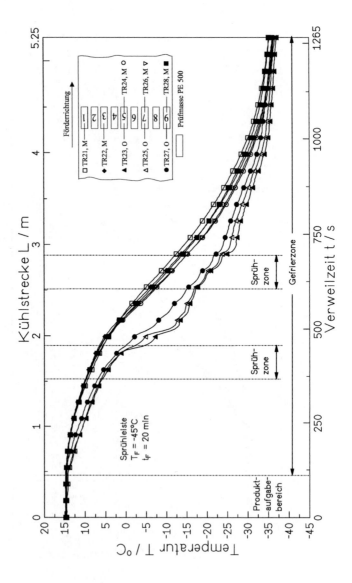

Bild 101: Kern- und Oberflächentemperaturen bei Sprühleistenbetrieb; $T_F = -45°C$, $t_F = 20\,min$.

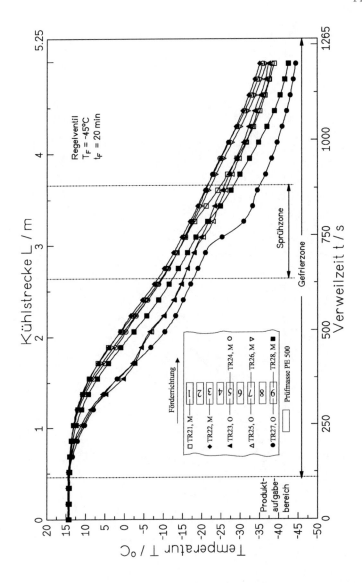

Bild 102: Kern- und Oberflächentemperaturen bei Dosierventilbetrieb; $T_F = -45°C$, $t_F = 20\,min$.

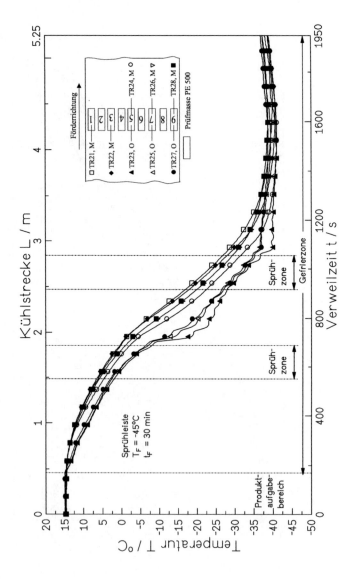

Bild 103: Kern- und Oberflächentemperaturen bei Sprühleistenbetrieb; $T_F = -45°C$, $t_F = 30\,min$.

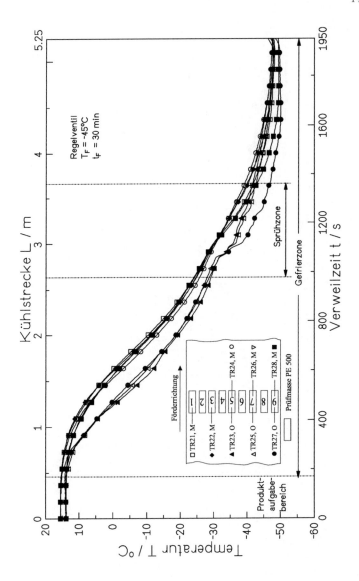

Bild 104: Kern- und Oberflächentemperaturen bei Dosierventilbetrieb; $T_F = -45°C$, $t_F = 30\,min$.

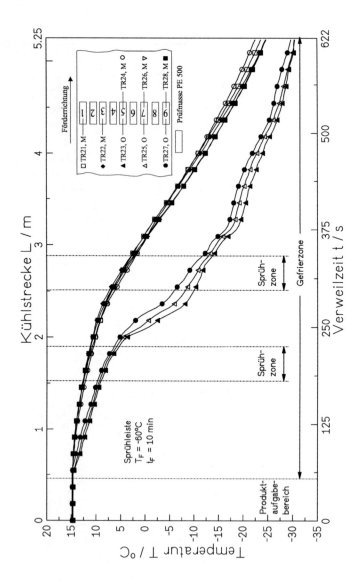

Bild 105: Kern- und Oberflächentemperaturen bei Sprühleistenbetrieb; $T_F = -60°C$, $t_F = 10\,min$.

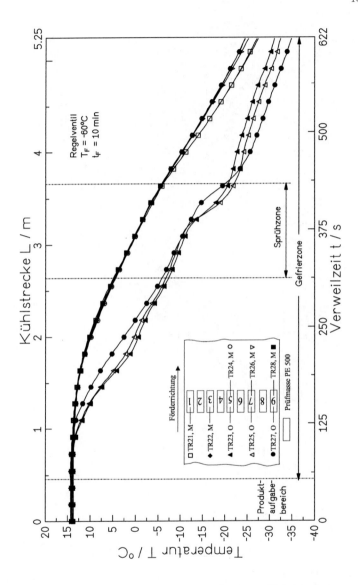

Bild 106: Kern- und Oberflächentemperaturen bei Dosierventilbetrieb; $T_F = -60°C$, $t_F = 10\,min$.

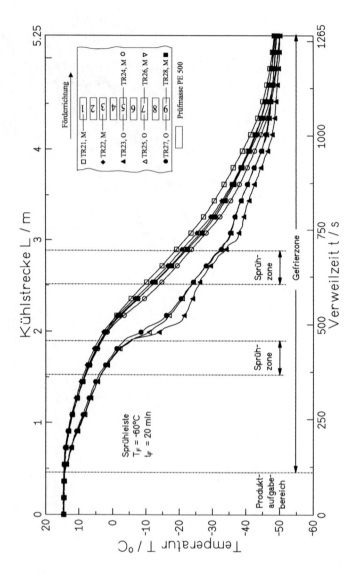

Bild 107: Kern- und Oberflächentemperaturen bei Sprühleistenbetrieb; $T_F = -60°C$, $t_F = 20\,min$.

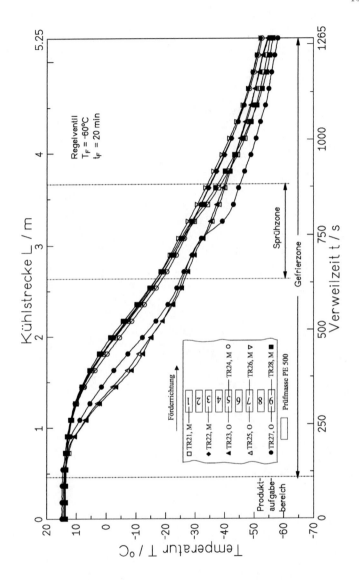

Bild 108: Kern- und Oberflächentemperaturen bei Dosierventilbetrieb; $T_F = -60°C$, $t_F = 20\,min$.

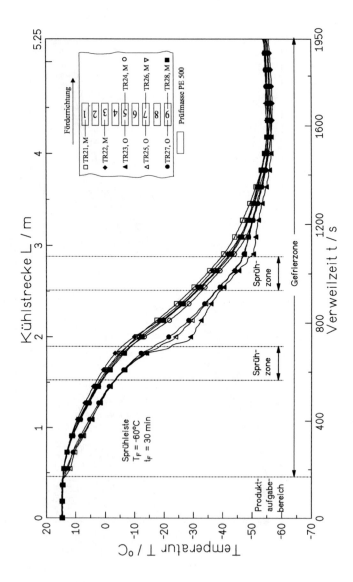

Bild 109: Kern- und Oberflächentemperaturen bei Sprühleistenbetrieb; $T_F = -60°C$, $t_F = 30\,min$.

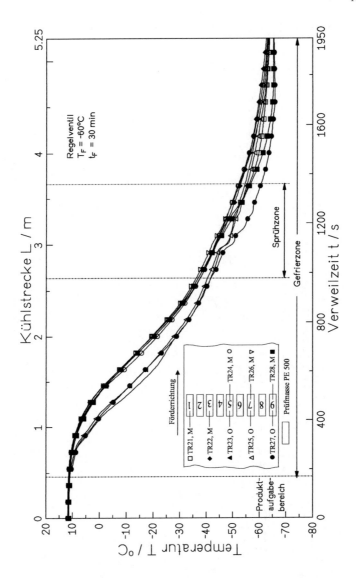

Bild 110: Kern- und Oberflächentemperaturen bei Dosierventilbetrieb; $T_F = -60°C$, $t_F = 30\,min$.

A.3 Mittlere Kern- Oberflächen- und Frostertemperaturverläufe

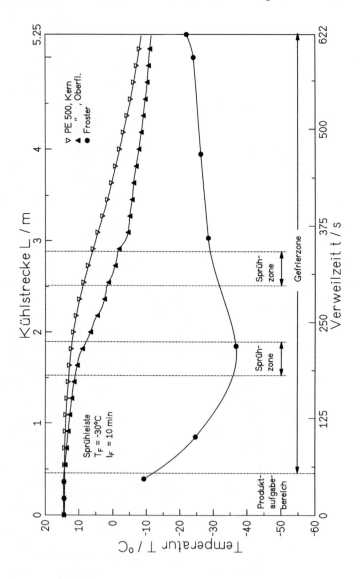

Bild 111: Mittlere Kern-, Oberflächen- und Frostertemperaturen bei Sprühleistenbetrieb; $T_F = -30°C$, $t_F = 10\,min$.

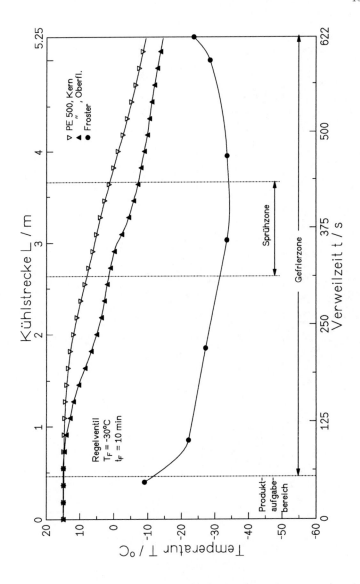

Bild 112: Mittlere Kern-, Oberflächen- und Frostertemperaturen bei Dosierventilbetrieb; $T_F = -30°C$, $t_F = 10\,min$.

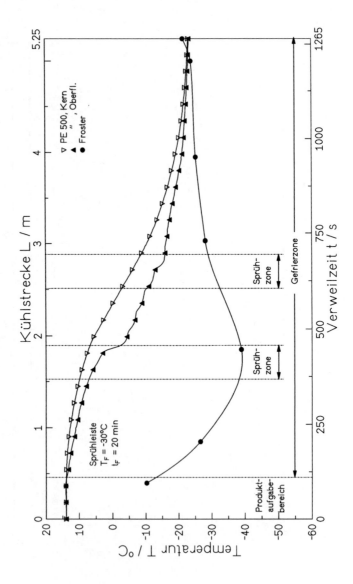

Bild 113: Mittlere Kern-, Oberflächen- und Frostertemperaturen bei Sprühleistenbetrieb; $T_F = -30°C$, $t_F = 20\,min$.

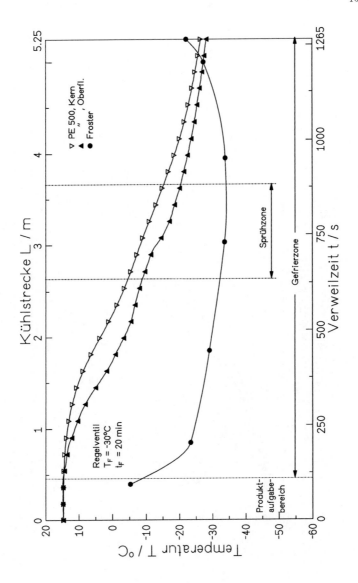

Bild 114: Mittlere Kern-, Oberflächen- und Frostertemperaturen bei Dosierventilbetrieb; $T_F = -30°C$, $t_F = 20\,min$.

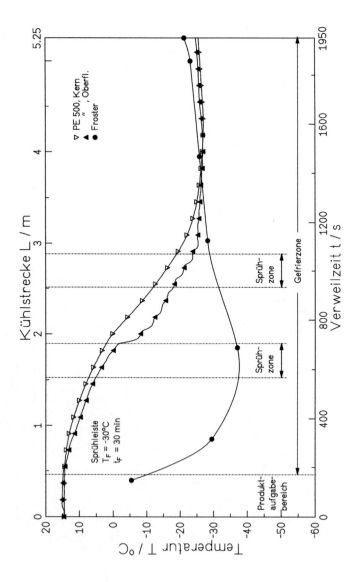

Bild 115: Mittlere Kern-, Oberflächen- und Frostertemperaturen bei Sprühleistenbetrieb; $T_F = -30°C$, $t_F = 30\,min$.

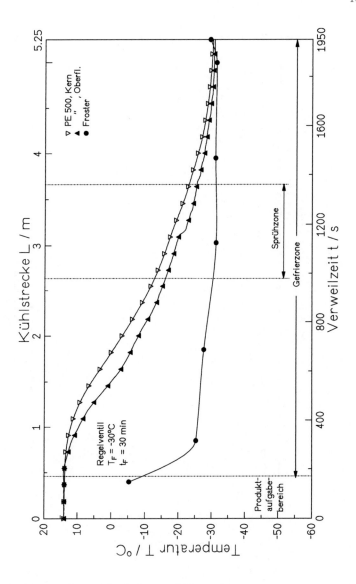

Bild 116: Mittlere Kern-, Oberflächen- und Frostertemperaturen bei Dosierventilbetrieb; $T_F = -30°C$, $t_F = 30\,min$.

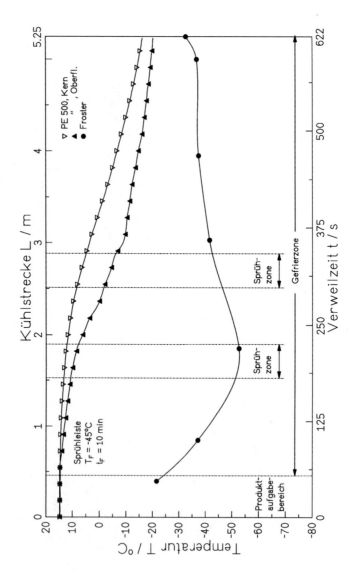

Bild 117: Mittlere Kern-, Oberflächen- und Frostertemperaturen bei Sprühleistenbetrieb; $T_F = -45°C$, $t_F = 10\,min$.

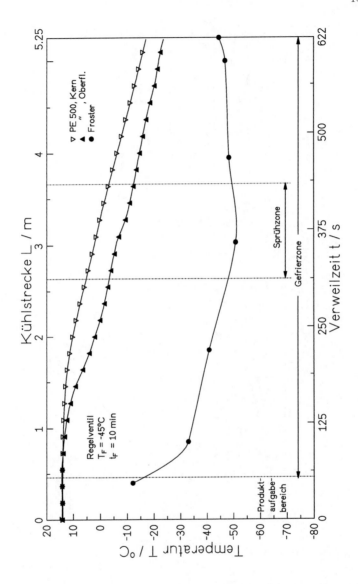

Bild 118: Mittlere Kern-, Oberflächen- und Frostertemperaturen bei Dosierventilbetrieb; $T_F = -45°C$, $t_F = 10\,min$.

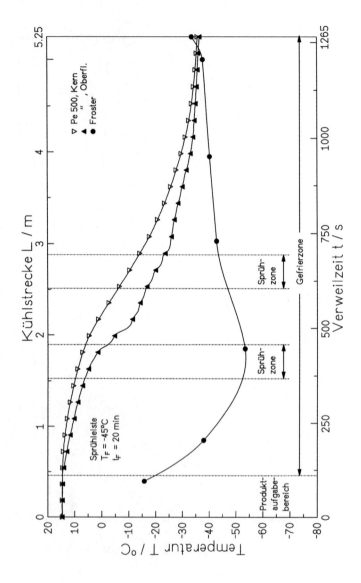

Bild 119: Mittlere Kern-, Oberflächen- und Frostertemperaturen bei Sprühleistenbetrieb; $T_F = -45°C$, $t_F = 20\,min$.

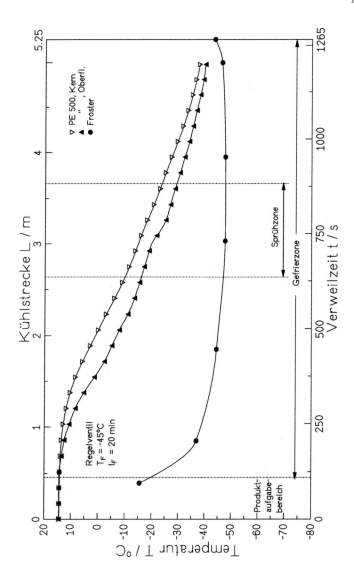

Bild 120: Mittlere Kern-, Oberflächen- und Frostertemperaturen bei Dosierventilbetrieb; $T_F = -45°C$, $t_F = 20\,min$.

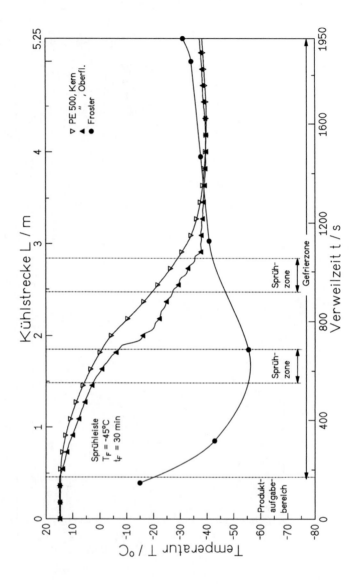

Bild 121: Mittlere Kern-, Oberflächen- und Frostertemperaturen bei Sprühleistenbetrieb; $T_F = -45°C$, $t_F = 30\,min$.

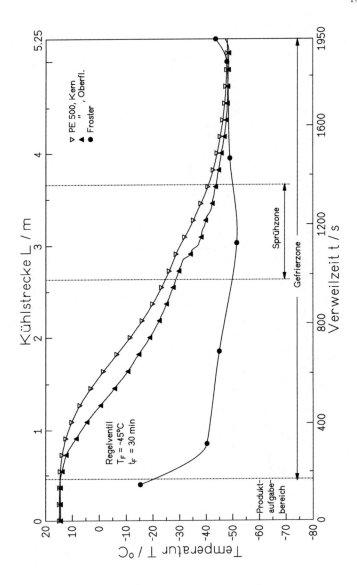

Bild 122: Mittlere Kern-, Oberflächen- und Frostertemperaturen bei Dosierventilbetrieb; $T_F = -45°C$, $t_F = 30\,min$.

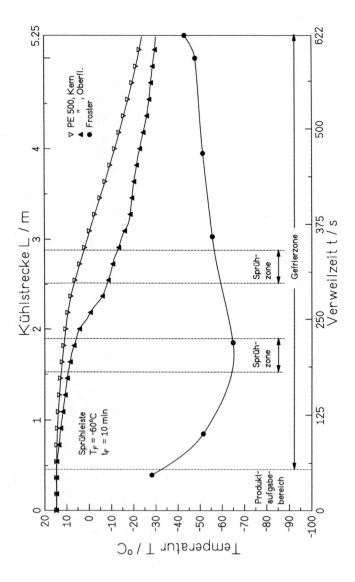

Bild 123: Mittlere Kern-, Oberflächen- und Frostertemperaturen bei Sprühleistenbetrieb; $T_F = -60°C$, $t_F = 10\,min$.

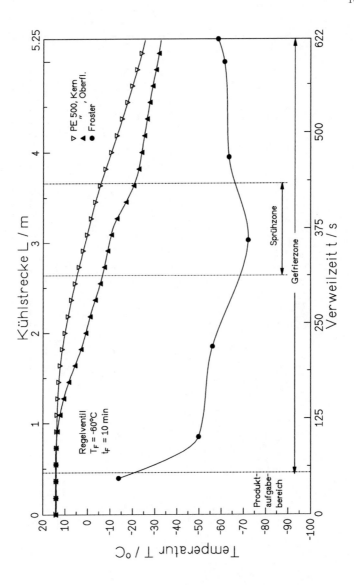

Bild 124: Mittlere Kern-, Oberflächen- und Frostertemperaturen bei Dosierventilbetrieb; $T_F = -60°C$, $t_F = 10\,min$.

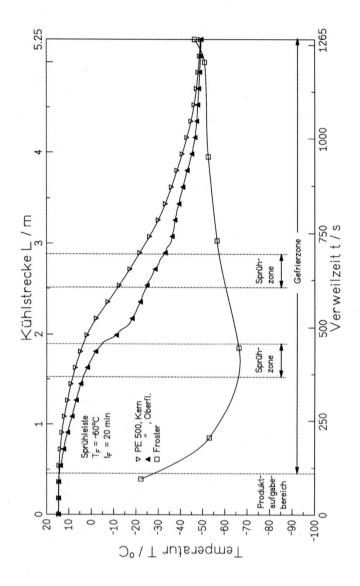

Bild 125: Mittlere Kern-, Oberflächen- und Frostertemperaturen bei Sprühleistenbetrieb; $T_F = -60°C$, $t_F = 20\,min$.

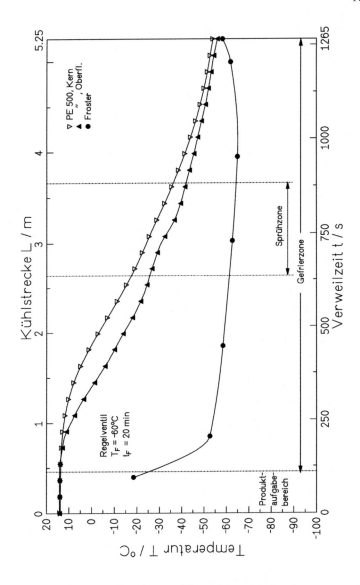

Bild 126: Mittlere Kern-, Oberflächen- und Frostertemperaturen bei Dosierventilbetrieb; $T_F = -60°C$, $t_F = 20\,min$.

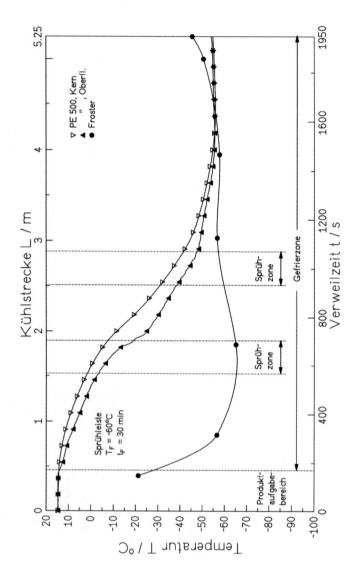

Bild 127: Mittlere Kern-, Oberflächen- und Frostertemperaturen bei Sprühleistenbetrieb; $T_F = -60°C$, $t_F = 30\,min$.

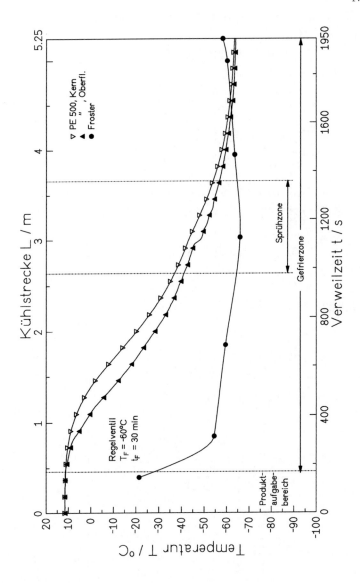

Bild 128: Mittlere Kern-, Oberflächen- und Frostertemperaturen bei Dosierventilbetrieb; $T_F = -60°C$, $t_F = 30\,min$.

A.4 Frostertemperatur beim Frosten von Gemüseschnitzeln

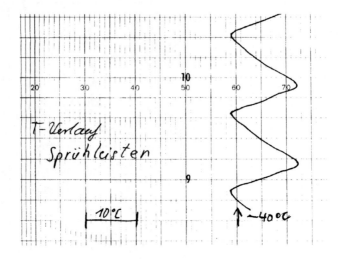

Bild 129: Frostertemperaturverlauf bei Sprühleistenbetrieb.

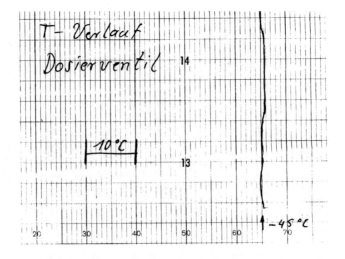

Bild 130: Frostertemperaturverlauf bei Betrieb mit Dosierventil.

Lebenslauf

Rudolf E. Berghoff

geboren am 28.03.1964

in Berge

Schule und	1970 - 1974	Kath. Grundschule in Berge
Berufsaus-	1974 - 1980	Realschule in Eslohe
ausbildung	1980 - 1983	Berufsausbildung zum Elektromechaniker bei der Fa. Metallwerke Oeventrop in Arnsberg-Oeventrop
	1983 - 1984	Fachoberschule für Technik mit der Fachrichtung Elektrotechnik an den Technisch-gewerblichen Schulen des Hochsauerlandkreises in Arnsberg Neheim Hüsten, Fachhochschulreife
Studium	1984 - 1991	Maschinenbau-Studium an der Universität - GH Paderborn in der Studienrichtung Verfahrenstechnik/Kunststofftechnik mit dem Schwerpunkt Verfahrenstechnik
Beruf	1991 - 1996	Wissenschaftlicher Mitarbeiter an der Universität - Gesamthochschule Paderborn Fachgruppe Mechanische Verfahrenstechnik bei Prof. Dr.-Ing. M. Pahl, im Rahmen der BMFT - Fördermaßnahme "Forschungskooperation zwischen Industrie und Wissenschaft" mit der Fa. AGA Gas GmbH in Bad Diburg-Herste
	seit 1997	Entwicklungsingenieur bei der Fa. AGA Gas GmbH in Hamburg

Hamburg, den 19. März 1998